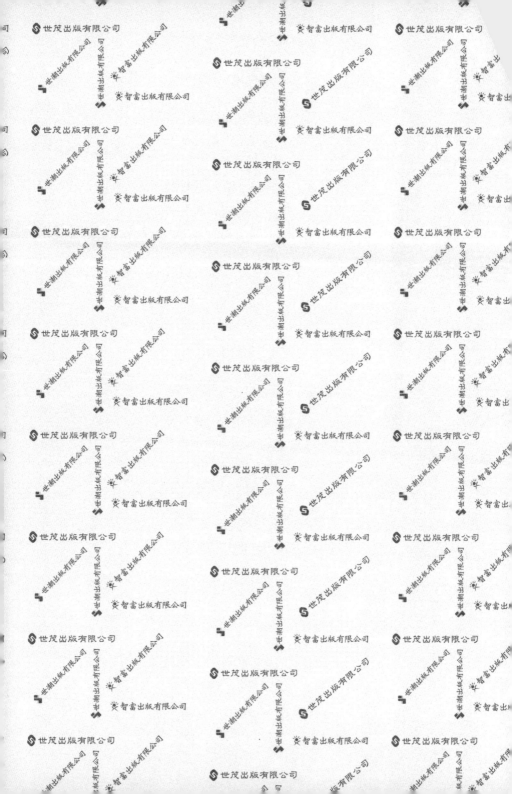

世界第一簡單
電力設備

五十嵐博一◎著

笹岡 悠瑠◎作畫

g.Grape◎製作

臺灣大學電機工程學系教授　陳耀銘◎審訂

衛宮紘◎譯

前　言

　　我們身邊充滿了各種「電力設備」，這些電力設備支撐著我們的日常生活。然而，除非是從事與電力設備相關工作的人員，一般民眾大多不了解電力設備的構造與作用吧。

　　即使不是電力設備的專家，我們仍會碰到需要理解電力設備的構造和作用的情況。本書的女主角結衣為了重整雙親經營的飯店，開始接觸電力設備。如同結衣的處境，從事建築、設施的營運或者維持管理等工作的人，不時會碰到電力設備的疑難雜症，被迫檢討是否該更新電力設備吧。

　　本書的宗旨是針對非電力設備專家、或者即將從事與電力設備相關工作的人，介紹電力設備的構造與作用，以及部分與其相關的工作。為了讓一般人、初學者也對電力設備產生親切感，故事的舞台選在結衣雙親經營的飯店，從身邊的照明、插座講起，再循序漸進切入電力設備核心的受變電設備。這個順序安排，與筆者還是新進人員時，所受基礎教育的順序相同。讀者可以試著當自己是新進人員，與結衣一同從身邊的電力設備來學習。各章後面收錄更為詳細的補充，如果讀者覺得內容艱澀難懂，可以選擇跳過這個部分，不需刻意追求細微末節，先翻閱漫畫部分，掌握電力設備的意象就足夠了。

　　另外，本書的宗旨是介紹電力設備的構造與作用，以及與其相關的「部分」工作，因此內容以幫助入門者為主。如果大家透過本書了解電力設備的基礎之後，產生興趣或者疑問，建議翻閱其他入門書、解說書做進階學習。

　　最後，關於本書的製作，給予這次執筆機會的歐姆社同仁、負責編輯的g.Grape同仁以及構想漫畫情節的笹岡悠瑠，我在此至上最深的感謝。

2016年 6月

五十嵐 博一

目 錄

第 **1** 章 　身邊的電力設備 11

第 **2** 章 　隱藏的電力設備 55

第 **5** 章　電力設備的控制與替代能源 153

我也是有認真想過啊！

驚嚇

他們又來了。

她都是高中生了，卻還是那個樣子。

好奇心旺盛是好事啦。

老闆他們太寵她的關係吧。

妳只要好好讀書就好。

咦！

就是這樣。作業做完了嗎？

嗚……

沒有什麼好方法嗎？

唉……

彩券中獎…或是挖到油田……

喀啦！

咦……？

現在澡堂應
該沒有人才
對……

喀啦……

WC

嗯？

別人掉的嗎？
好可愛喔！

喀啦！

天……使？

咦？

啊……咦？？

啊！

還給我……

滑倒

磅

妳是天使嗎？

這是很重要的東西？

沒有那個，我就回不了天界。

失～落

驚

妳怎麼知道的？

一看就知道了啊！

妳怎麼能夠看到我？人類應該看不見的…

妳在說什麼？

這傢伙竟然輕易就接受我的存在……

嗯！……

啊！

妳該不會是這間飯店的……

對了！

天使能夠幫我實現願望嗎？

啊？為什麼我要幫妳啊……

幫我整修這間飯店！

就像這樣！

不可能。

為什麼！？

沒辦法突然變出城堡啦。

我不還妳項鍊了喔！

什麼？

知道了，我會盡力而為，但妳要把項鍊還給我。

好。

還有，我頂多只能移動人或東西而已。

那就把國外的城堡移動過來！

就跟妳說城堡不行啦！

就是因為這樣，我才不喜歡人類……

可惡——早知道就不偷懶跑來泡溫泉了。

如果弄丟項鍊，我會被罵得很慘……

我會移動專家過來。妳想要整修城堡的話，就先學習必要的知識。

咦？沒有更簡單的……

妳是這間飯店的獨生女吧？

我有聽到其他工作人員的閒話。

她們說，老闆的獨生女只會說些不切實際的話。

指

妳說的整修只是想玩辦家家酒吧？

才、才不是這樣！

這間建築很老舊了，到處都出現問題。

那妳說說看，為什麼想要整修？

今天也有客人客訴我們停電，附近新的飯店也瓜分我們的客人，得想想辦法……

我們改用蠟燭大吊燈吧！這樣就不擔心停電了。

我也是…認真想過…

這間飯店的事情啊！

不要忘記妳現在說的話！

咻咻

咦！？

砰！

這是哪裡？
我為什麼……

請您多多指教！

鞠躬

誰啊！？

第**1**章

身邊的
電力設備

我想要整修城堡！

城堡！？

用來開飯店！

飯店！？

但是，最近常常發生停電……該怎麼辦才好？

啊……

這是做夢吧……

沒錯！這是做夢！

牛頭不對馬嘴……

做夢的話就沒辦法了。就順應自然吧。

真讓人同情。

我是高橋結衣。請你多多指教。

啊……我叫根本，是電機技師，請妳多多指教。

根本智史

電機技師
從事建築、設施配線、器具裝設等電力設備的工程師

天使的名字是什麼？

我沒有名字。

那麼，
天之寶石
這名字怎麼樣？

……叫我「月紗」。

妳不是說沒有名字嗎？

那姓氏呢？

嗯…就姓天野吧。

自言自語……

天使的名字還真是普通耶……

因為是剛才想出來的。

嗚哇！

怎麼了嗎？

不，沒有……

這裡是女湯嗎……

妳剛才說最近經常停電……

是的，客人一直客訴！

13

1 電力設備

停電時令人困擾的
不應該只有客訴吧。

B1
←大浴池

譬如,若現在
停電的話……

哇!

好暗!

電梯、電扶梯
會動不了。

要爬樓梯上去!?

自動門也打不開。

出不去了!?

空調會停止運轉,
若給排水幫浦也停了,
不但沒有水可以喝,
也無法使用洗手間。

洗手間……

背脊一涼

可是這個燈
會發亮啊?

指示燈是利用蓄電池發光,可以撐
一段時間,但仍需要用到電喔。

14

手機沒電不能使用，當然也不能看電視或上網。

什麼都不能做……

我們無時無刻都在使用電，也將其視為理所當然。

啪！

電來了……

所以，別當某天不能使用時才後悔不夠關心電力，如果能夠多了解電力，還能夠幫助省電。

飯店的整修需要電力知識嗎？

不是要蓋城堡？

是飯店啦！

想要解決建築的問題，電力設備的知識是不可欠缺的。

設備……？

15

不是在說電力嗎？怎麼又變成電力設備了？

呃……

電力設備的範例

配電裝置間隔

配電盤

照明器具

中央監控設備

電力設備，是指建築內部的「室內電力設備」[※]，像是運輸電力的設備、裝設於建築的照明等……總之就是不用插座的電器。

那…手機和電視會用到插座，所以不是電力設備嗎？

對。

※ 受電設備、變電設備、幹線設備、動力設備、照明設備、各種弱電設備、中央監控設備、避雷設備等等，都屬於電力設備。

2 插座

我之前就對插座有一個想法……

插座本身就是電力設備。

這樣啊！

如果身邊有一堆插座的話，那會非常便利。

啪！

不……

那麼多插座同時使用只會造成停電、故障而已。

咦——

在必要的場所設置需要的數量，才是理想的情況。

但這並不容易。

譬如常裝在門邊的插座…

有、有！我房間也有。

如果裝在門的另一邊的話，會發生什麼事？

電線會被門扯到！

對，這是比較簡單的例子。人實際上如何移動、房間的布局等等，

這些都必須考慮進來，算是……不對……是非常麻煩。

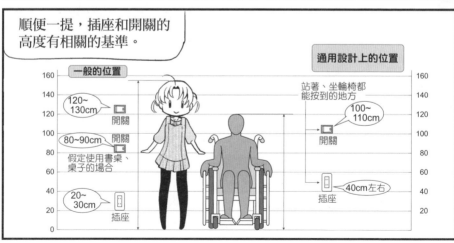

順便一提，插座和開關的高度有相關的基準。

一般的位置

120~130cm 開關

80~90cm 開關
假定使用書桌、桌子的場合

20~30cm 插座

通用設計上的位置

站著、坐輪椅都能按到的地方

100~110cm 開關

40cm左右 插座

工廠、廚房通常會先決定布局，再決定在哪設置機器專用的插座。

除了圖面上的設計之外，也會請對方到工程現場確認，才正式進入裝設作業。

要讓使用者來看啊。

不同的地方會使用不同的插座。

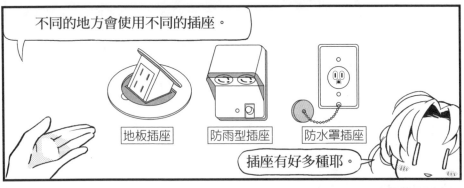

地板插座　防雨型插座　防水罩插座

插座有好多種耶。

常用插座是這個樣子。

兩孔插座　防拔插座
扭轉插頭防止拔出

附接地極插座
用於冰箱、微波爐、洗衣機等家電

接地極？

那是防止漏電時造成觸電，引導電流向地面流散的裝置。

或稱為接地端子

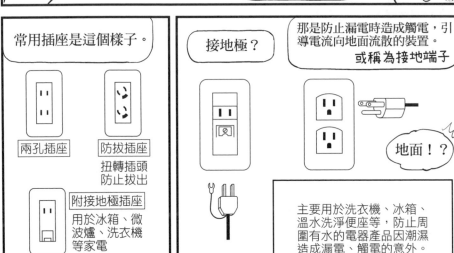

地面！？

主要用於洗衣機、冰箱、溫水洗淨便座等，防止周圍有水的電器產品因潮濕造成漏電、觸電的意外。

電力是從高電位流向低電位。

地面（0V）

事先連接到地面，使電位狀態同樣為0V，即便人觸碰到也不會發生觸電。

有些作業用機器需要特殊的電源，需要使用配套的插座。

需要200V

工廠用

插座形狀像這樣：

附件插頭的形狀				
種類　　額定電流	單相附接地極		三相200V用	
	額定電壓125V用	額定電壓250V用	一般用	附接地極用
15	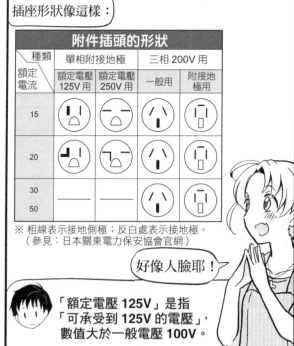			
20				
30 50				

※ 粗線表示接地側極；反白處表示接地極。
（參見：日本關東電力保安協會官網）

好像人臉耶！

「額定電壓125V」是指「可承受到125V的電壓」，數值大於一般電壓100V。

這樣插入會怎麼樣？

會壞掉。

為了防止誤插，形狀才會不一樣。

3 開關的位置

接著是這個。

喀喳！

這是開關嘛。

在這邊打開燈，然後走到對面想要關燈，應該怎麼做呢？

關掉對面的開關！

如果對面沒有開關呢？

舉手！

走回來關掉！

咦？
這樣有意義嗎！？

沒有意義。

咦咦！？

開關和插座一樣，需要設置在必要的場所喔。

喔

對了，妳知道雙向開關的機制嗎？

我不知道！

我們先設想在同一個地方設置開關的情形吧。下圖為電路簡圖,藉由切換開關的 ON － OFF 來開關電燈。

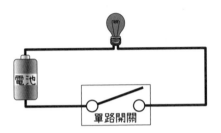

 開關切換 ON 時,電力能流通線路;切換 OFF 時,電力就不能流通線路了。

 接著來看三路開關的電路。因為開關處有 3 條電線連接,所以稱為三路開關。

首先,這是開燈時的電路圖。

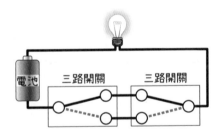

 因為電路形成通路,所以電力能夠流通。

接著按下 A 開關後，電路會變成這樣。

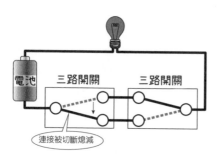

 啊，電力無法流通，燈泡也就熄滅了。

 在按下 A 開關的狀態下，再按下 B 開關，電路會變成這樣。

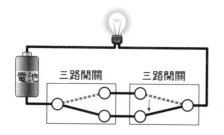

 原來如此，電燈開關的原理是這樣啊。只要了解其中的機制，其實滿簡單的嘛！

 沒錯。如果在長廊、樓梯上下等地方設置 2 個開關，會非常方便。

如果想在更長的走廊或更大的房間裡設置更多開關的話，該怎麼辦呢？

 這種時候，只要結合三路開關和四路開關，想要增加多少開關都沒問題。四路開關的連接會從「1與4、3與2」切換成「1與2、3與4」，從下圖可以了解其中的機制。

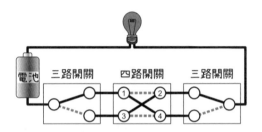

 啊！按下四路開關後，電燈就亮了！

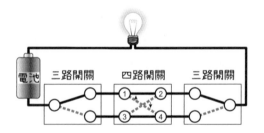

 接下來是較大的房間，嗯……就去宴會廳看看吧。

4 照明

這邊的入口旁邊都有開關呢。

宴會廳

開關

沒有的話會很不方便啊。

像這麼大的房間，
照明開關會分成多個。

	窗1	窗2	走道1	走道2
東				
西				
南				
北				

對。這是為什麼呢？

每個開關對應不同的點滅燈群，這做法叫點滅區分。

妥善區分的話，就可以僅開啟需要的燈光。

調光開關
（調節光亮）

也有能調整光亮的開關喔。

這樣能夠依照不同的時間點、情境，營造不同的氣氛。

只靠燈光就可以改變氣氛？

不光是這樣喔。

光線的明暗會影響人的心理……

希望縮短顧客滯留時間，提高翻桌率，照明需要比較明亮。

啪！

反過來說，想要提高單價時，照明需要比較昏暗。

還能夠做到這樣事情啊！

一般來說，明亮的環境會使人興奮；昏暗的環境會使人平靜。

照明點得較亮，能夠營造有活力的氣氛，具有刺激購買意願的效果。

好厲害！

呃…我先說清楚，這只是有這樣的效果，不代表絕對如此……

一亮！

這實在很有意思！再多告訴我一些！

記得要說「拜託你」。

拜託你！

26

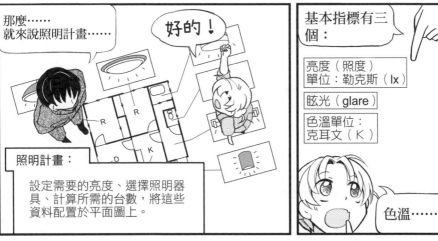

那麼……
就來說照明計畫……

好的！

照明計畫：
設定需要的亮度、選擇照明器具、計算所需的台數，將這些資料配置於平面圖上。

基本指標有三個：

亮度（照度）
單位：勒克斯（lx）

眩光（glare）

色溫單位：
克耳文（K）

色溫……？

根據不同的照明，光的顏色有時會是橘黃色。

啊——
大廳的燈光好像就是那樣。

白熾燈偏紅色，

給人溫暖的感覺，適合大廳等平靜的場所。

螢光燈基本上偏白色，但又細分為幾種：

白色燈 ……　一般的種類，
晝白色燈 　　　用於辦公室等
晝光色燈 …… 稍微偏藍色
燈泡色燈 …… 近似燈泡、偏紅色

LED照明能夠任意改變亮度和色調，雖然初期費用偏高，但消耗電力少、使用壽命長。

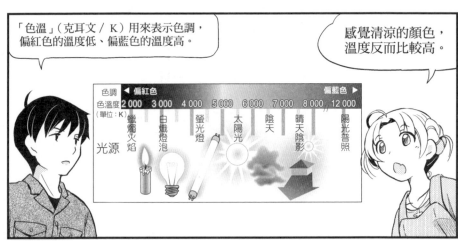

「色溫」（克耳文／K）用來表示色調，偏紅色的溫度低、偏藍色的溫度高。

感覺清涼的顏色，溫度反而比較高。

色調	◀ 偏紅色							偏藍色 ▶
色溫度（單位：K）	2 000	3 000	4 000	5 000	6 000	7 000	8 000	12 000

光源：蠟燭火焰、白熾燈泡、螢光燈、太陽光、陰天、晴天陰影、陽光普照

接著是眩光。

光輝熠熠

刺眼暈眩（眩光）

房間的照明太明亮，有時會讓人感到不適。

UGR※ 值	不舒適眩光程度
31	嚴重刺眼
28	略感刺眼
25	不舒服
22	略感不舒服
19	在意
16	略感在意
13	有輕微感覺

（（社團法人）日本照明器具工業會 UGR 指南節錄）

為了防止過亮，必須考慮照明器具的形狀、面向場所、高度等因素。

也有照明會裝上防止電腦螢幕反射的專用燈罩。

喔——

※ UGR 室內統一眩光值（Unified Glare Rating），數值愈大代表眩光愈嚴重。

JIS 規範的照度基準

照度	客廳	餐廳廚房	和室	寢室	廁所	洗手間浴室
2000	手藝					
1500	裁縫					
1000	讀書		讀書、化妝、	讀書、化妝、		
750	電話	餐桌、廚房、	講電話	講電話		刮鬍、化
500	團聚	流理臺				妝、洗臉
300	娛樂		和室			
200						一般
150		一般			一般	照明
100	一般	照明	一般		照明	
75	照明		照明			
50				一般		
30				照明		
20						
10				深夜	深夜	
5						
1						

（JIS 照度基準節錄）

最後是亮度。

但這只是參考基準…

平均的明亮狀態

美術館的照明基準：
（不易光劣化的展示品）

調整不同亮度……

顯眼

必須根據目的進行調整。

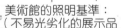

JIS 是什麼？

JIS（日本工業規格）：
日本根據「工業標準化法」制定的國家規格。
為了增加工業製品在生產、流通上的便利性，
規範各種相關規格。

5 照度計算

接下來就實際來計算照明器具的台數吧。

好——

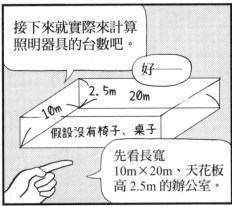

2.5m 20m
10m
假設沒有椅子、桌子

先看長寬 10m×20m、天花板高 2.5m 的辦公室。

照明……

蠟燭大吊燈！

真是堅持……

…螢光燈。

來！

好的。

埋入式 HF 螢光燈具（HF32W×2 燈，HF32W 1 燈的光束 = 3,500 流明）

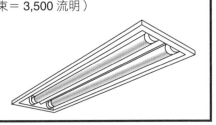

計算房間整體的平均亮度時，我們會使用光束法，公式如下：

唔…

實際計算沒有那麼困難。

$$N = \dfrac{E \times A}{F \times U \times M}$$

N：光源個數
E：平均照度或者所需照度〔lx〕
A：室內面積〔m²〕
F：光源光束〔lm〕
U：照明率
M：維護率

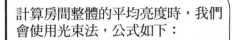

我想要知道蠟燭大吊燈的情況……

嗯……一項一項確認吧。假設辦公室的平均照度（E）需要 500 勒克斯。室內面積（A）是多少呢？

10×20 等於 200m² 嘛。這個簡單喔。

光源光束（F）是 3,500 流明，因為是兩燈器具，所以需要考慮 2 支燈管。這裡先跳過照明率說明維護率（M），維護率是假想燈具亮度隨時間經過轉為昏暗，計算該轉變量用的數值。這邊的理想數值為 0.7。

最後是照明率，首先要計算室指數。計算公式如下：

$$室指數 = \frac{長 \times 寬}{（長＋寬）\times Hm}$$

Hm 是指作業面與照明器具之間的距離，但這間房間沒有放置桌子，因此直接帶入天花板高度計算。

嗯……

$$室指數 = \frac{10 \times 20}{（10＋20）\times 2.5} \fallingdotseq 2.67$$

感覺數字不是很漂亮呢。

出現漂亮數字的機率不高，所以這樣就行了。接著再根據這個室指數，從對照表上找出照明率（U）。這邊假設天花板反射率 70%、牆壁反射率 50%、地板反射率 10% 吧。

反射率 天花板	80%				70%				50%				30%				0%
牆壁	70	50	30	10	70	50	30	10	70	50	30	10	70	50	30	10	0%
地板	10%				10%				10%				10%				0%
室指數	照明率（×0.01）																
0.6	49	38	31	26	48	37	30	26	45	36	30	26	44	35	30	25	24
0.8	58	47	40	35	56	47	40	35	54	45	39	35	52	44	39	34	33
1.0	64	54	47	42	62	53	47	42	60	52	46	41	57	50	45	41	39
1.25	69	60	54	48	68	59	53	48	65	58	52	48	62	56	51	47	45
1.5	73	65	59	54	71	64	58	53	69	62	57	53	66	61	56	52	50
2.0	78	71	66	61	77	70	65	61	74	69	64	60	71	67	63	60	57
2.5	81	76	71	67	80	75	70	66	77	73	69	65	75	71	68	65	62
3.0	84	79	74	71	82	78	74	70	80	76	72	69	77	74	71	68	66
4.0	86	83	79	76	85	81	78	75	83	80	77	74	80	78	75	73	71
5.0	88	85	82	79	87	84	81	79	84	82	80	77	82	80	78	76	74
7.0	90	88	86	83	89	87	85	83	87	85	83	81	84	83	81	80	77
10.0	92	90	88	87	91	89	87	86	88	87	86	84	86	85	84	83	80

（Panasonic 股份有限公司官網節錄）

 咦？但表中沒有室指數 2.67 耶？比較接近的數字有室指數 2.5 時的照明率 0.75、室形指數 3.0 時的照明率 0.78……

 我們會利用室指數 2.5 和 3.0，計算中間數值 2.67 的照明率：

$$照明率 = 0.75 + \frac{0.78 - 0.75}{3.0 - 2.5} \times (2.67 - 2.5) \fallingdotseq 0.76$$

這樣一來，需要的數值都求出來了，接著代入前面的公式來求所需照明數吧。

 好的！

$$需要台數 = \frac{(10 \times 20) \times 500}{(3\,500 \times 2) \times 0.76 \times 0.7} \fallingdotseq 26.9\ 台$$

算完了！

 嗯，看來妳還滿會計算的。需要台數要大於 26.9 台，也就是 27 台以上，接著就是平均配置這些照明器具。

計算這樣的照明時，會使用逐點法。

光束法呢？　那只能知道平均照度而已。

另外，逐點法一般不會用來計算照明台數。

這是用來了解遠離一具照明器具的光亮變化。

計算各點的照度，再連線相同照度的點，

這樣一來，我們就能夠確認各位置的光亮程度（照度分布）。

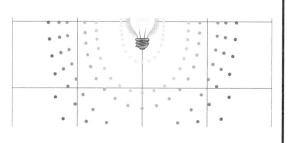

這個計算方法，主要是用於電腦模擬的照度分布。

好像地圖喔！

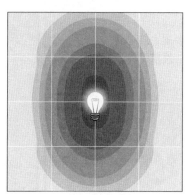

照度分布表

另外，天花板和天花板上方也會設置照明以外的設備……

嗯嗯…

空調
等等

如果不事先考量這些問題，可能在照明計畫完成後，才發現沒有設置的空間。

再來，實際上決定照明時，也需要考量房間的用途、內部布局。

好的——

辦公室一般使用螢光燈

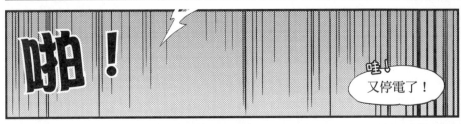

啪！

哇！
又停電了！

這麼常停電……
可能哪裡有漏電吧。

停電總讓人有種莫名興奮耶。

妳之前不是說覺得困擾嗎？

我了解這種感覺。

我曾經參加過體驗黑暗的活動。

有那種活動？

叫做戒壇巡禮，
相當有名喔。

哇……
跟旅館的停電
完全不同……

在完全沒有照明的黑暗之中，
體驗照明對心理帶來的影響。

還有篝火效應，看著火焰晃
動，身心會感到被治癒……

像這個嗎？

喔喔！

真是方便的夢啊。

啪喊

最近工作上失敗，
心情有些低落。

失敗？

啪喊

啪喊

我在插座的設置作業中，
不小心造成停電……
這奇怪的夢境剛好
可以轉換心情。

我覺得根本先生的講解很有趣喔！

我才是，很高興能有人聽我傾訴。

謝謝妳。

啪喊

啪喊

原來如此，這就是黑暗體驗和篝火效應啊。

啪！

啊，電來了。

大概是爸爸修好的吧⋯⋯

要我說明斷路器嗎？

知道在那裡嗎？

啊⋯⋯

舉手

我知道喔⋯⋯

6 配電盤

這就是配電盤

這個門就是配電盤啊。

總覺得和家裡的不一樣。

原理相同喔。

主斷路器

分支斷路器

內門

外門

電力從電線桿輸入，最後會在這裡分配給各電路。

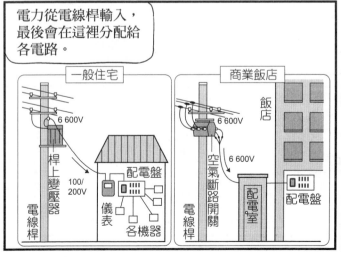

一般住宅

6 600V

桿上變壓器

電線桿

儀表

配電盤

100/200V

各機器

商業飯店

飯店

6 600V

6 600V

空氣斷路開關

電線桿

配電室

配電盤

為什麼要這樣分配呢？

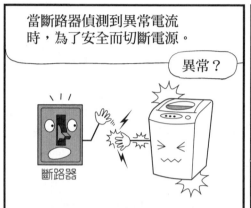

當斷路器偵測到異常電流時，為了安全而切斷電源。

異常？

斷路器

就是超過正常的狀態。

這可能造成電線異常過熱而燒起來，或者機器故障。

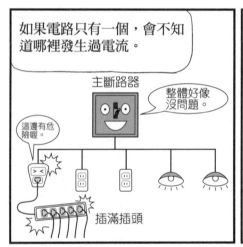

如果電路只有一個，會不知道哪裡發生過電流。

主斷路器

整體好像沒問題。

這邊有危險喔。

插滿插頭

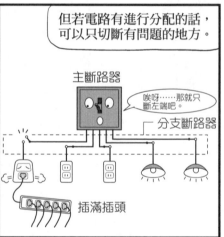

但若電路有進行分配的話，可以只切斷有問題的地方。

主斷路器

唉呀……那就只斷左端吧。

分支斷路器

插滿插頭

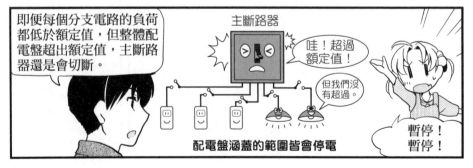

即便每個分支電路的負荷都低於額定值，但整體配電盤超出額定值，主斷路器還是會切斷。

主斷路器

哇！超過額定值！

但我們沒有超過。

暫停！暫停！

配電盤涵蓋的範圍皆會停電

怎麼？有問題？

嗯！

各個電路都沒有超過，但整體怎麼會超過額定值？

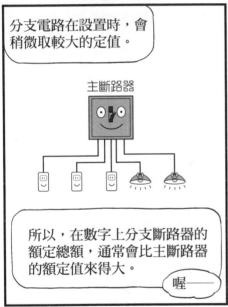

分支電路在設置時，會稍微取較大的定值。

主斷路器

所以，在數字上分支斷路器的額定總額，通常會比主斷路器的額定值來得大。

喔——

照明和插座的分支電路大致會取 15 A 或者 20 A。

決定好照明群時，得注意不要超過這個數值。

好的。

電線是從這裡連接的啊——

好長喔——

配線做短一點比較好。

太長只會增加成本。

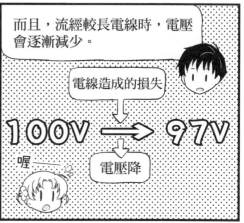

而且，流經較長電線時，電壓會逐漸減少。

電線造成的損失

$100V \rightarrow 97V$

喔——

電壓降

只要把配電盤設在建築物的中心就好了嘛！

！

理想上是這樣沒錯，但礙於室內布局……通常不會這樣做。

另外，為了預防突發狀況，這扇門前面不要堆置物品喔。

好的。

❶ 電力設備的領域

1. 內線工程與外線工程

電力設備有各式各樣的領域與種類。本書討論的是室內電力設備，以設置在使用電力（電力用戶）的大樓、工廠、學校、醫院、旅館、飯店、等各種商業設施地點的電力設備。

在室內電力設備中，與大樓、住宅等建築物相關的設備，稱為建築電力設備；與工廠等生產設施相關的設備，稱為工廠電力設備；與道路、機場、淨水場等相關的設備，稱為設施電力設備。

除了室內電力設備，電力公司的發電所、變電所、輸電線等也屬於電力設備。但即便是相同的電力設備，電力公司的電力設備與室內電力設備，規模也有所不同。室內電力設備是利用電力的設備，但電力公司的電力設備，像是發電設備（發電所）、變電設備（變電所）、配電設備（配電所）、輸電線、配電線等，是製造電力再輸送給用戶的設備。

在電力工程的業界中，用電戶的建築、設施內部進行建築電力設備等工程，稱為內線工程；電力公司的輸配電線、變電所等工程，稱為外線工程。即便是相同的電力工程，內線工程與外線工程差異也很大，而工程技術員所需的知識、作業技術也不同。

外線工程處理的電壓，主要是高壓電（直流電 700V 以上、交流電 600V 以上）、特別高壓電（7,000V 以上）。雖然內線工程的受變電設備也有處理高壓電、特別高壓電，但消耗電力的機器所需電源大多為低壓電（直流電 700V 以下、交流電 600 V 以下），主要是低壓電的工程。

在外線工程中，為了將電力確實輸送給用戶，必須確保其安全性與信賴性，嚴格遵守相關規範（法律、規則、準則等）。高壓電的工作多於戶外、高處，或者操作大型重機進行作業，作業員需要注意觸電、高處墜落的危險。

在內線工程中，除了遵守既定規範，預防觸電事故、墜落事故發生，同時也得留意建築工程、空調工程等現場並行的相關工程，注意其作業順序、工程調整，以及設置機器的方便性與美觀。

2. 電壓的種類

電壓分為低壓、高壓、特別高壓 3 個階段。

表 1-1　日本的電壓種類

電壓種類	交　流	直　流
低　壓	600V 以下	750V 以下
高　壓	600V 以上～ 7000V 以下	750V 以上～ 7000V 以下
特別高壓	7000V 以上	

世界各國電壓的區分方式有所不同。制定電力國際標準的國際電工委員會（IEC），定義交流電 1,000V 以下為低壓、1 kV 以上為高壓。另外，IEC 規格另外定義 1 kV 以上 35 kV 以下為中壓、35 kV 以上 230 kV 以下為高壓、230 kV 以上為超高壓，這些與日本的電壓區分差異甚大，在日本使用 IEC 規格的電器產品時，需要特別留意電壓。

❷　電力設備相關的法令、規則與準則

1. 電業法

日本政府針對電力設備，制定了各種相關的法令、規則及準則，電業法為其中最具代表性的規範。電業法是為了公正化電力公司等電力事業的營運以及保護電力使用者的權利，規範電力製品的工程、維持、營運的法律。

電力製品是受電業法規範，與電力相關的設備與設施，分類如下：

表 1-2　電力製品的分類

電力製品	事業用電力製品	電業用電力製品	發電所、變電所、輸配電線等電力公司的設施與設備
		家用電力製品	電力用戶從電力公司接收高壓電、特別高壓電使用的設施與設備
	一般用電力製品		電力用戶從電力公司接收低壓電使用的設施與設備，以及低輸出發電設備（功率低於 50 kW 的太陽光電力設備、低於 20 kV 的風力發電設備或者水力發電設備等）

鐵道車輛、船舶、飛機等不是電業法的規範對象，不屬於電力製品。

事業用電力製品的設置者，得選任具有專業資格的電業主任技術員，監督電力製品的工程、維持、運轉維護。電業主任技術員的資格如表 1－3 所示，處理的電壓分為三種。

表 1-3　電業主任技術員

電業主任技術員資格	維護監督的範圍
第一級	所有事業用電力製品
第二級	電壓 17 萬 V 以下的事業用電力製品
第三級	電壓 5 萬 V 以下的事業用電力製品（輸出 5,000 kW 以上的發電所除外）

　　關於事業用電力製品的維護，電業法的基本原則是：設置者基於自我責任執行自主維護。事業用電力製品的設置者，得基於自我責任原則設立自主的維護體制，制定維護的相關規範（保安規程），並在電業主任技術員的監督下，使電力製品符合特定的技術準則。

　　另外，電業主任技術員制度是日本獨有的規範，但正因為在電力技術員的監督下妥善地維持設備，日本發生嚴重事故的情形才比國外來得少。

2. 電器用品安全法

　　規範照明器具、斷路器、電線以及其他電器用品的製造與販售等的法律。製造、進口規範對象的電器用品，業者得向經濟產業大臣申報，製造、進口的電器用品必須符合特定的技術準則。

　　構造、使用上具高危險性的電器用品，歸類為「特定電器用品」，製造、進口這類產品時，需取得登入檢查機關的認證。

　　通過登入檢查機關認證的特定電器用品，產品上會標註菱形的 PSE 標誌或者〈PS〉E 標示。

　　關於特定外電器用品，則由製造業者、進口業者實施自主檢查，合格的電器用品標註圓形的 PSE 標誌或者（PS）E 標示。

　　受規範的電器用品，需有 PSE 標誌或者 PSE 標示才得以販售。另外，電力業者、家用電力製品的設置者、電力工程師，有義務使用具有 PSE 標誌或標示的電器用品。

菱形的 PSE 標誌

圓形的 PSE 標誌

3. 電機技師法

日本電機技師法是規範電力工程技術員資格、義務的法律。一般用電力製品的電力工程，得由第一級或者第二級電機技師作業。而最大電功率 500 kW 以下的家用電力製品，得由第一級電機技師作業。另外，即便沒有電機技師的資格，在滿足一定條件下，取得電力工程從事者的認定資格，便能從事家用電力製品的簡易電力工程。

最大電功率 500 kV 以下的家用電力製品中，霓虹燈、緊急用預備發電裝置的工程作業，需要的資格與電機技師不同，為特種電力工程資格。

特種電力工程資格的授證，得先取得電機技師資格，累積一定的實務經驗（5年以上），修畢相關講習並通過指定試驗。

另外，需要電機技師、特種電力工程的資格，僅限於一般用電力製品及最大電功率 500 kW 以下的家用電力製品。最大電功率 500 kW 以上的家用電力製品、電業用電力製品的電力工程，因為基於電業法規範的自主維護體制，且需在電業主任技術員的監督下作業，執行工程的人員並無特別限制資格。

表 1-4　電機技師的資格種類與其工程範圍

電力製品種類 資格種類	一般用	家用				最大電功率 500 kW 以上
		最大電功率 500 kW 以下				
		簡易電力工程	非簡易	霓虹燈	預備發電裝置	
第一級電機技師	○	○	○	×	×	無特別限制資格
第二級電機技師	○	×	×	×	×	
認定電力工程從事者	×	○	×	×	×	
特種電力工程資格者（霓虹燈工程）	×	×	×	○	×	
特種電力工程資格者（緊急用預備發電裝置工程）	×	×	×	×	○	

4.《電力設備技術準則（規範電力設備相關技術準則的命令）》

《電力設備技術準則》原為日本通商產業省根據昭和 39 年（西元 1964）制定的電業法，於昭和 40 年頒布命令，經歷多次修法後，現歸為經濟產業省的命令。為了落實電力製品、電力設備的安全確保與公害防治，《電力設備技術準則》提示各種相關規範，在日本通稱為《電技》。

日本所有的電力製品、各種電力設備的工程與維持管理，都必須遵循這項技術準則。然而，關於事業用電力製品的維護，如同前述，電業法的原則是基於設置者自我責任，採取自主維護的制度。因此，《電力設備技術準則》未詳盡敘述準則，僅提示維護相關的基本原則。在遵循《電力設備技術準則》基本原則的前提下，事業用電力製品的設置者、保安監督的電業主任技術員，有一定程度的自由裁量，可自主性設定管理電力製品的工程與維持。

5.《電力設備技術準則解釋》

《電力設備技術準則解釋》是經濟產業省承接前述《電力設備技術準則（電技）》出版的解說書，具體詳細說明電技中提示的技術準則，在日本通稱為《電技解釋》。

電技解釋不是命令，不具法律上的強制力，表面上，僅舉出具體範例說明電技中的技術準則。因此，電力製品的設置者、電業主任技術員，若能提出滿足電技準則且合理的技術依據，並無強制規定遵守電技解釋。然而，不遵守電技解釋，基於獨自的技術依據來滿足電技準則，僅限於特殊的情況。實務上，電技解釋與法律有著同等效力，被認定為必須遵守的規範。

如同電力設備的技術準則與其解釋，經濟產業省依據電業法頒布的命令與其解釋還有：《發電用火力設備的技術準則（規範發電用火力設備相關的技術準則命令）》與其解釋、《發電用水力設備的技術準則（規範發電用水力設備的相關技術準則命令）》與其解釋、《發電用風力設備的技術準則（規範發電用風力設備的相關技術準則命令）》與其解釋等等。

6. 內線規程

室內電力設備等的民間規格，規範電力用戶的電力設備設計、施工、維持、檢查的準則。由一般社團法人日本電力協會發行。

前面提到《電業法》規範的《電力設備技術準則》，以及具體詳述準則的《電力設備技術準則的解釋》，而內線規程是更進一步承接兩者，針對電力用戶的室內電力設備，提示更為具體的準則。雖然內容方面多有重複的部分，但收錄電技、電技解釋沒有的具體數值，並登載實用的圖表及數據，是從事室內電力設備技術員不可欠缺的參考書。

因為是民間規格，理論上不具法律上的強制力，但在室內電力設備的設計、施工、維持管理等方面，訂貨人多以此指定適用的規格，與電技解釋相同，實務上，被認定為必須遵守的規範。

7. 高壓受電設備規程

　　家用電力製品設置的民間規格，規範高壓受電設備的設施準則、維修點檢方法等。與內線規程相同，由一般社團法人日本電力協會發行。

　　針對高壓受電的受變電設備，具體詳述設計、施工、檢查上的準則，對從事高壓受變電設備的技術員來說，與內線規程同樣是不可欠缺的參考書。

8. 日本工業規格（JIS 規格）

　　為了增加工業製品在生產、流通上的便利性，根據工業標準化法制定的國家規格。雖說是國家規格，但並非法律，JIS 規格本身不具法律上的強制力。然而，在日本法令中，有時明文提示應遵從 JIS 規格；在相關政府機關發布的告示中，有時也要求遵循 JIS 規格。在這樣的場合下，法令、告示中提示的 JIS 規格，實質上屬於該法令、告示的一部份，具有法律上的強制力。

　　例如，針對建築基準法中電力設備之一的避雷設備，國土交通省告示避雷設備的結構需符合「JIS A 4201 建築物等的防雷保護」，則設置避雷設備時，就必須遵從該項 JIS 規格。

9. 其他的規格、準則

　　除了內線規程、JIS 規格之外，電力設備還有其他各種規格、準則，國內外也有所不同。其中，具有代表性的是 IEC 規格。IEC 規格是國際規格，由電力關係國際標準化團體的國際電工委員會（IEC）所制定。制定 JIS 規格的日本工業標準調查會，也有參與 IEC。

　　雖然日本針對 JIS 規格等國內的規格、準則進行調整，期盼與 IEC 規格進行整合，但至今仍未完全整合。

表 1-5　電力設備的相關規格

規格名稱	概要
JEC 規格	日本電力學會制定的規格，如「JEC － 2200 變壓器」等。
JEAC 規格	日本電力協會制定的規格，如「JEAC 8001 內線規程」、「JEAC 8011 高壓受電設備規程」等。
JEM 規格	日本電機工業會制定的規格，如「JEM 1425 金屬閉鎖型開關裝置與控制裝置」等。
JSIA 規格	日本配電控制系統工業會制定的規格，如「JSIA 300 配電盤通則」等。

規格名稱	概要
JEL 規格	日本照明工業會制定的光源規格，如「JEL 210 螢光燈（一般照明用）」等。
JIL 規格	日本照明工業會制定的器具規格，如「JIL 4003 Hf 螢光燈器具」等。
JCS 規格	日本電線工業會制定的規格，如「JCS 0168 33kV 以下電纜的容許電流計算」等。

❸ 電力的基礎

1. 電壓、電流、電功率、電能

　　為容易理解，在此將電比喻成水。水的流動稱為水流，電的流動則稱為電流。水會從高處流向低處，將放置於高處的水桶與置於低處的水桶以塑膠管連結，水會從高處的水桶流向低處的水桶。電也是同樣的道理。水的場合，水面的高度稱為「水位」，而電則稱為「電位」。電位是電力世界中表示高度高低的用語，其單位為V（伏特）。電會從電位高的地方流向電位低的地方，以導線連結兩電位相異的物體，便會形成電流，其單位為A（安培）。

　　兩點間的電位差異稱為「電位差」或者「電壓」。如同其名，電壓可以想成是推動電流流動的壓力。水桶的高度差異愈大，水流強度會愈激烈，同理，電壓愈高（電位差愈大），推動電流流動的壓力也愈大。

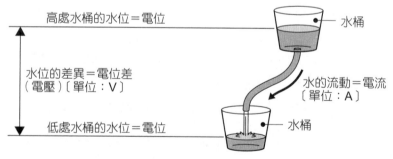

圖 1-1　電流與水流

　　電力的大小稱為「電功率」，其單位為 W（瓦特）。電功率是電壓乘以電流。

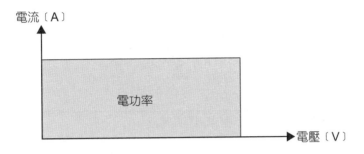

圖 1-2　電功率＝電壓 × 電流

　　水的流動量稱為水量，而電的流動（使用）量稱為「電能」。電能是電功率乘以流動的時間，其單位為 Wh（瓦特小時或者瓦時）。

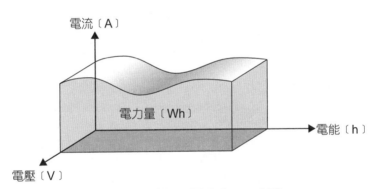

圖 1-3　電能＝電功率 × 時間

2. 直流電與交流電

　　電壓、電流有分直流電與交流電。交流電隨著時間經過，電壓、電流的大小會如同波浪般，呈現弦波（sin）曲線的週期變化。直流電與交流電不同，週期不會隨著時間經過而變化。乾電池、汽車電池供應的是直流電；插座供應的是交流電。發電所製造的是交流電，電力公司供給的也屬交流電。呈現週期變化的交流電壓、電流，其變化在 sin 曲線週期上的相對時間位置稱為「相位」。相位 1個週期為 360°（弧度法則為弧度 2π）。

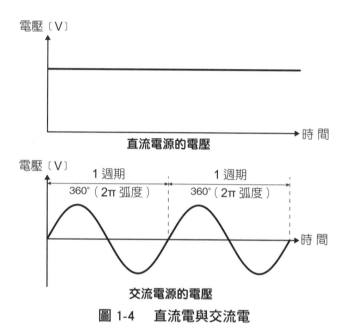

圖 1-4　　直流電與交流電

❹ 電力配線的保護

1. 需要過電流斷路器的場所

根據電力設備技術準則 第 63 條，下述場所需設置過電流斷路器（電閘）：

①低壓幹線
②由低壓幹線分支至電力機具的低壓電路（亦即「分支電路」）
③由引入口不經低壓幹線連至電力機具的電路

再者，根據電力設備技術準則 第 149 條，規定斷路器需設置於低壓幹線分歧點的電線長度 3m 以下之處。

然而，若幹線分支電線的容許電流，大於保護幹線斷路器的額定電流 55%，可不設置斷路器。再者，由幹線至分支電線的容許電流，大於幹線斷路器的額定電流 35%，且分支電線的長度短於 8m，可不設置斷路器。

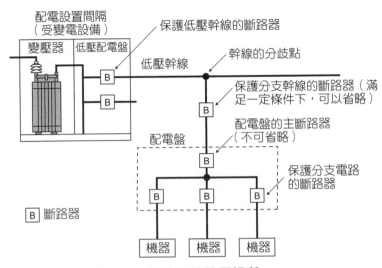

圖 1-5　斷路器的設置場所

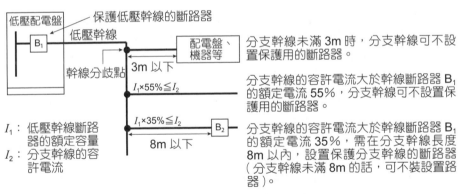

圖 1-6　分支幹線的斷路器

2. 電線的保護（幹線的容許電流）

　　根據電力設備技術準則第 56 條，規定配線需落實實施防護措施，避免觸電、火災。另外，根據同第 57 條，為了預防觸電、火災的意外，使用的電線需具足夠的強度與絕緣性能。

再者，根據電力設備技術準則的解釋 第 148 條，規定低壓幹線的電線容許電流，需大於幹線上各部分用電機具的額定電流總和。

然而，電動機（馬達）等啟動（始動）電流較大的機器，需如下述考量啟動電流的影響。

連接該低壓幹線的負載中，電動機等額定電流總和大於其他機器的額定電流總和時：

① 電動機等額定電流總和低於 50A 時，容許電流需大於電動機等額定電流總和的 1.25 倍加上其餘機器額定電流總和。
② 電動機等額定電流總和高於 50A 時，容許電流需大於電動機等額定電流總和的 1.1 倍加上其餘機器額定電流總和。

另外，根據內線規程 3705-6 2 項，在決定電動機幹線時，一般電器上常見的 200V 三相感應電動機，額定功率 1kW 平均額定電流為 4A。

例如，某幹線上裝有三相 200V 電動機的機器，請參考下述例 1 及例 2。

〈例 1〉

假設 3.7kW 的電動機 3 台、低啟動電流機器（電熱器等）的額定總和為 30 A 時，試算幹線的所需容許電流。電動機的額定電流總和為：
3.7kW×4A/kW×3 台= 44.4A ≦ 50A
此時，幹線的容許電流為：
4.4A×1.25 + 30A = 85.5A

〈例 2〉

假設 3.7kV 電動機 5 台、低啟動電流機器（電熱器等）的額定總和為 30A 時，試算幹線的所需容許電流。電動機的額定電流總和為：
3.7kW×4A/kW×5 台= 74.0A > 50A
此時，幹線的容許電流為：
74.0A×1.1 + 30A = 111.4A

❺ 逐點法的計算方法

逐點法是用在計算受到某光源照射任意點的照度。某光源至任意點的照度，會與光源亮度（光度）成正比、距光源距離的平方成反比。

某點的照度 **En**〔lx〕可標示為：

$$En = \frac{I}{r^2}$$

I：光度〔cd〕
r：光源與任意點的距離〔m〕

光源的入射光與受照射面夾角度（**θ**）時，受照射水平面的照度 **Eh**〔lx〕為：
Eh = **En** cos **θ**

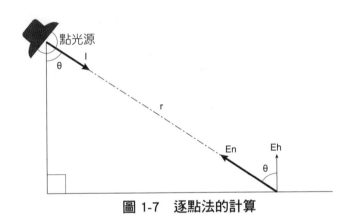

圖 1-7　逐點法的計算

第2章

隱藏的
電力設備

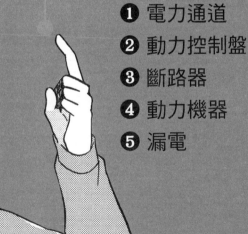

天之川飯店

妳還在設計城堡嗎？

是飯店啦！

我瞧瞧⋯⋯

拿起⋯⋯

這⋯似乎不是飯店喔。

哇～

光是設置開關的位置就想得我頭好痛喔～。

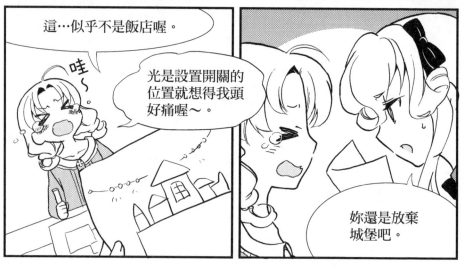

妳還是放棄城堡吧。

話說回來，為什麼我要穿成這樣？

月紗很可愛，頭髮又柔順，穿這樣很適合啊！

我可不是換裝娃娃！

就算換了衣服，只有妳看得到的話，根本沒有意義……

有意義！

我看得到啊！

……

那種事不重要啦,快點把項鍊還給我!

我還有想知道的事情!

妳不要這麼任性!

但根本先生前面不是說過嗎?天花板除了照明之外還有其他設備啊。

對喔⋯

天花板上還有什麼東西呢?

砰!

好吧,那就找工地現場的負責人⋯⋯

這⋯⋯這是哪裡?

山本作藏

工地主任
電力工程公司的代表,
建設業法規範的現場管理者。

這是作夢吧⋯⋯

沒錯,
這是作夢!

整修房子的夢!

這個說法能用幾次啊?

58

電力通道

天花板上？爬上去看不就好了。

可以爬上去看喔？

妳那是對長輩的用詞嗎？

對不起！

能夠上去看嗎？

可以從檢查門上去。

那快上去看吧！

……

所以才說最近的年輕人啊。

請…請帶我上去看！

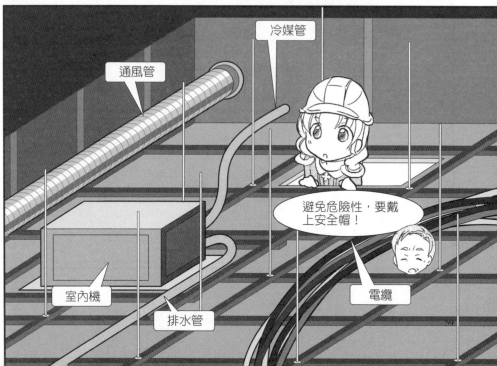

冷媒管

通風管

室內機

排水管

避免危險性，要戴上安全帽！

電纜

59

在設計建築物，考量房間布局的同時，也要決定天花板上的配置。

為了妥善運用有限的空間，建築、空調、電力等負責人，事前要經過好幾次的協調。

這個是電的配線？

等等，用手碰沒問題嗎？

這是 VVF 電纜。。

照明、插座的分支電路是 15……

我知道！是 15A 或 20A。

喔！妳真清楚。

配線會使用單條導體直徑 1.6mm 或 2.0mm 的 VVF 電纜或絕緣電線。

PVC 絕緣電線	
外觀	設置上的注意點
導體 絕緣體 絕緣體用的聚乙烯很薄，容易因外力破損，發生觸電危險。	避免人為觸碰，使用配管來配線。

VVF 電纜	
外觀	設置上的注意點
導體 絕緣體 護套（被覆） 導體與絕緣體的外側包覆護套（被覆）。	堅固、安全，可直接敷設。

然後，從天花板上拉下配線接到牆壁的開關、插座。

插座 or 開關

原來是接起來的啊。

牆壁也有很多種，

若是輕量鐵骨架的話，骨架間是中空的。

可以從後面拉配線。

鋼筋混凝土的場合，會事先埋入拉線箱和配管，這樣牆壁完工後也能進行配線。

配管
（使用的電線為 PVC 絕緣電線）

＋

開關箱
or
插座箱

埋入混凝土

埋入配管
或
埋設配管

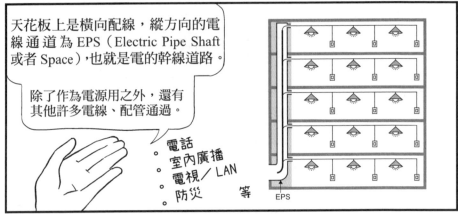

天花板上是橫向配線，縱方向的電線通道為 EPS（Electric Pipe Shaft 或者 Space），也就是電的幹線道路。

除了作為電源用之外，還有其他許多電線、配管通過。

- 電話
- 室內廣播
- 電視／LAN
- 防災 等

EPS

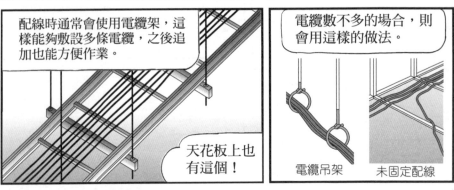

配線時通常會使用電纜架，這樣能夠敷設多條電纜，之後追加也能方便作業。

天花板上也有這個！

電纜數不多的場合，則會用這樣的做法。

電纜吊架　　未固定配線

再來，因為這些是縱向貫穿建築，所以穿通的部分得鑿出孔洞。

好的！

孔隙需要用不易燃材料做成的板子與油灰來填滿。

不易燃……啊……火災的時候……？

沒錯，如果沒有填滿，火焰、濃煙會往上竄升。

這稱為「防火區劃貫穿處理」。

2 動力控制盤

我們進一步來看
EPS 內部。

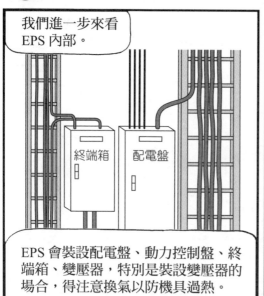

終端箱　配電盤

EPS 會裝設配電盤、動力控制盤、終端箱、變壓器，特別是裝設變壓器的場合，得注意換氣以防機具過熱。

動力控制盤？
終端箱？變壓器？

變壓器是改變
電壓的裝置。

終端箱是、轉接電話線、廣播設備等資訊通信的配線箱。

這邊只需一條

終端箱

裡頭會像是這樣。

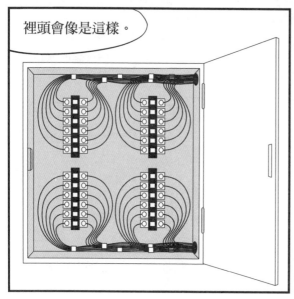

嗯……那麼，能請您詳細說明動力控制盤嗎？

好吧……

將電轉為機械能的器具稱為動力機器，而供給動力機器電源、控制其運轉的就是動力控制盤。

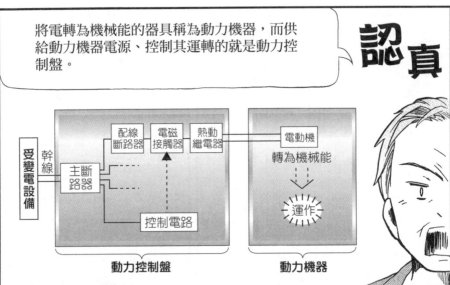

受變電設備 ─ 幹線 ─ 主斷路器 ─ 配線斷路器 ─ 電磁接觸器 ─ 熱動繼電器 ─ 電動機

控制電路

轉為機械能 ⇩ 運作

動力控制盤　　　**動力機器**

動力控制盤裡頭裝有輸送電源至主斷路器、各動力機器的分支斷路器。

也就是配電盤嘛！

不一樣！

如果配電盤中動力機器較多，需要另外因應不同狀況 ON－OFF 電源，改變電動機的回轉數來控制。

但控制盤本身就有這樣的機能！

所以才叫控制盤啊！

其他還有檢測通知機器異常的監控機能、警報機能。

3 斷路器

而且，動力機器的分支斷路器還必須配合每個機器的額定容量。

每個機器？

如果分支斷路器容量過小，

ON! 30A

20A

正常

分支斷路器　不行！　機器

只是一般通入電源就會斷電。

但若容量過大，

30A

20A

異常

還沒有問題！　機器

就算發生過電流也不會斷電，電線、機器可能燒壞，甚至引發火災！

另外，斷路器的遮斷也跟過電流的持續時間有關。

電動機開始運轉的瞬間，會通過啟動（起始）電流，瞬間產生大電流，斷路器不能因此斷電。

電流

啟動電流

時間

重要的是，斷路器、配線是「大的不得取代小的」。

啜啜……

更換機器的時候，需要重新檢查分支斷路器、配線大小。

配線也要啊？

也要嗎？

也要嗎？

感覺大的電線可以取代小的……

電力上的確是沒有問題，但電線粗細不同的話，連接端子大小也會改變，經常發生無法連接的情況。

使用 USB 充電的時候，也常有接頭不合的問題嘛！

我們身邊就有類似的經驗嘛。

真的，身邊有好多接頭喔！

感情變得這麼好……

選擇上遇到困難時，可以翻閱「內線規程」※ 的圖表，從電動機的容量、啟動電流來選擇分支斷路器、電線大小。

接下來……就是講那個嘛。

裡頭沒有 USB 接頭？

這很正常啊。

動力機器有些會自帶專用的控制盤。

4 動力機器

我們一起來看空調的機制吧。

液體氣化時會奪走周圍的熱能，這個有學過吧？

有學過……像是打針前的酒精消毒嘛。

空調是以電動機運轉壓縮機，壓縮空氣轉移熱量來降溫或加溫的機器。

冷媒
（氟氯碳化物等）

帶走熱能！

而氣體液化時，會向周圍釋放熱能。

這樣的物質稱為冷媒，使用在空調、冰箱上。

？？？

※（一般社團法人）日本電力協會所發行，規範電力設備的維護見第 1 章補充。

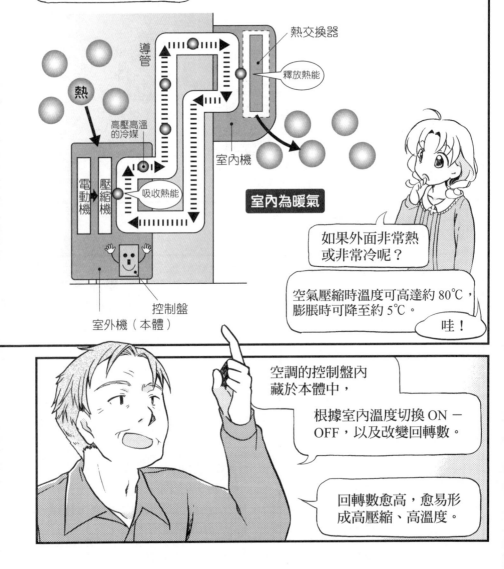

熱會由較熱的地方流向較冷的地方，所以冷媒的熱搬運是，熱天時把熱從房間帶到外面；冷天時把熱從外面帶到裡面。

熱交換器

釋放熱能

導管

高壓高溫的冷媒

吸收熱能

室內機

電動機

壓縮機

控制盤

室外機（本體）

室內為暖氣

如果外面非常熱或非常冷呢？

空氣壓縮時溫度可高達約 80℃，膨脹時可降至約 5℃。

哇！

空調的控制盤內藏於本體中，

根據室內溫度切換 ON － OFF，以及改變回轉數。

回轉數愈高，愈易形成高壓縮、高溫度。

電梯的控制盤設置於機房或升降道內。

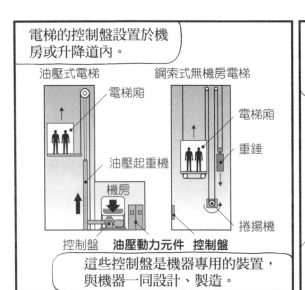

油壓式電梯　　　鋼索式無機房電梯

電梯廂

電梯廂

重錘

油壓起重機

機房

捲揚機

控制盤　**油壓動力元件　控制盤**

這些控制盤是機器專用的裝置，與機器一同設計、製造。

那自帶控制盤的機器，動力控制盤又是如何呢？

動力控制盤

分支斷路器

電源

機器

控制盤

這樣的場合會僅裝設配線用斷路器來進行電源配線。

但遇到問題發生時，控制盤要能接收狀態訊號，並由其他機器來控制、發出故障警報。依照不同的電源配線，敷設相關的配線。

必須整體控制負責的範圍嘛！

嗯…前面提到的動力機器及機器專用的控制盤、動力控制盤，基本上都設於屋頂或地下機房內，

再更底下還有受水槽、集水坑。

集水坑？

受水槽是暫存自來水管（公共自來水）引入水的水槽。

 自來水管是從地面通到地下嘛。

 受水槽內有著「浮球水栓」，自動控制水槽內的水量在一定範圍內。當發生水量異常地少，或者超過一定量即將滿溢時，動力控制盤便會顯示警告，使辦公室或保全室裡的警報盤發出鳴響。

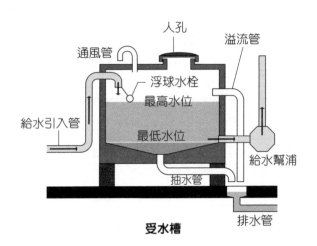

受水槽

 不是用感測器而用「浮球」，好原始的做法喔。

 哪裡原始！這做法單純、便宜又確實啊！

 呃……對不起！

在地下機房地底，還有稱為「集水坑」的空間。從地下滲出的地下水會聚集在這裡，當集水超過一定量，湧水排水幫浦會自動啟動，排出集水坑裡的水。

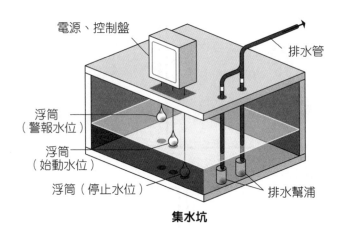

集水坑

電源、控制盤
排水管
浮筒（警報水位）
浮筒（始動水位）
浮筒（停止水位）
排水幫浦

 我們家應該會聚集溫泉吧！

 喔，這裡是開溫泉的啊？

 是的！三保溫泉的天之川飯店！

 好久沒有泡溫泉了…話說回來，如果排水幫浦發生故障，坑內的水超過一定量即將滿溢出來時，與受水槽一樣，機房內的動力控制盤和事務所的警報箱都會發出警報。

但是，水是能夠通電的導體，機器、電線等裝在水氣多的地方，容易發生漏電的問題……

漏電！

怎麼？

請您詳細教我漏電的知識。

5 漏電

漏電是電從電線、機器漏出的現象。

電源用的電線、機器內部使用的電線，外層會包覆不導電的材質來絕緣（→ p.58），

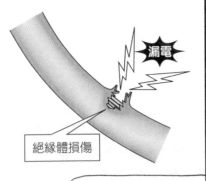

漏電

絕緣體損傷

但絕緣體會因劣化、損傷而降低絕緣性能。

特別是帶有濕氣時，絕緣體會變得容易導電，

所以潮濕的地方容易發生漏電。

咦！？

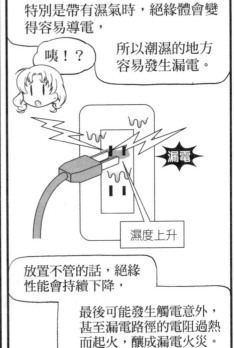

漏電

濕度上升

放置不管的話，絕緣性能會持續下降，

最後可能發生觸電意外，甚至漏電路徑的電阻過熱而起火，釀成漏電火災。

所以，戶外、潮濕地方的分支斷路器會使用漏電斷路器。

漏電斷路器？

三相 200V 的動力機器中，電源的配線有 3 條，如果其中 1 條發生漏電，剩餘的 2 條會出現電流差。

簡單來說，漏電斷路器就是由這個電流差來偵測漏電，斷開電路。

200V

200V

200V

因為電流比一般的斷路器還高，也有只裝設在主斷路器的情形。

這樣不行嗎？

若是這樣，只要有一處發生漏電，所有配電盤管理的區域都會斷電。

盡可能在分支裝設漏電斷路器，主斷路器不裝設，這樣才能預防不必要的斷電。

還有，漏電斷路器偵測到漏電後會立刻斷開電路，運轉中的機器會突然停止。

若是工廠的生產機器，製造中的商品會報廢，機器也可能發生故障。

電腦也容易故障……

為了避免這樣的情形，會在一般的分支斷路器上裝設漏電警報裝置。

這樣一來，斷路器只會鳴響警報而不斷電，和漏電斷路器一樣，建議要分別裝設。

這樣做的原因是，假設現在發生了漏電，

動力控制盤

主斷路器

漏電警報裝置｜漏電警報裝置｜漏電警報裝置

分支斷路器｜分支斷路器｜分支斷路器

嗶、嗶

漏電

馬上就能夠知道是哪部機器在漏電。

但這樣則難以特定。

動力控制盤

主斷路器

漏電警報裝置

分支斷路器｜分支斷路器｜分支斷路器

嗶、嗶

漏電

發生漏電就麻煩了。

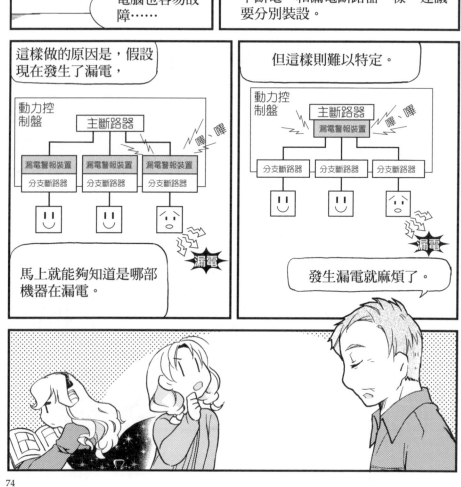

另外，所有機器的狀況未必相同，空氣的乾燥狀況有時也會影響漏不漏電。

咦！？

若是好幾部機器都只有些許漏電，分別裝設反而偵測不出來。

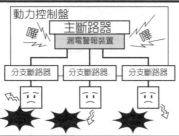

動力控制盤

主斷路器

漏電警報裝置

嗶

嗶

分支斷路器　分支斷路器　分支斷路器

而統一監控漏電，雖然能鳴響警報，卻不能特定原因。

漏電的原因不好找啊。

......

大概就是這樣。

啊…非常感謝您的說明！

起身

結束了？

不會，妳很認真聽我講解，我教得很開心喔。

轉身！

妳要去哪？

我要試著跟爸爸說漏電的事情。

他會認真聽妳講嗎？

猶豫……

雖然我沒有自信，但還是得講講看……！

反正跟我沒有關係。

碎！

碎！

洋芋片

定格……

嗯……？

洋芋片

對喔！我怎麼不用移動的能力拿回項鍊啊！我真笨！

起身

碎！

…算了，再稍微陪她一下吧…

❶ 電壓降

1. 壓降容許值

電線通入電流後，會因電線本身的電阻（阻抗）消耗損失部分電力，造成負載側電壓低於電源電壓，這個現象稱為電壓降。壓降過大時，電器的電源未達所需電壓，可能造成電器無法使用，或是輸出功率低落。

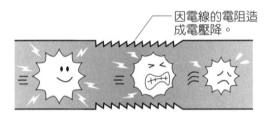

因電線的電阻造成電壓降。

圖 2-1　電壓降

在內線規程 1310 − 1，針對低壓室內配線的電壓降，規定幹線與分支電路需分別低於 2％，幹線與分支電路的總壓降需低於 4％。而由使用場所變壓器供電的場合，幹線壓降應低於 3％。換句話說，接收高壓電、特別高壓電，再由室內的變壓器轉為低壓的場合，幹線壓降需低於 3％、分支電路壓降需低於 2％、總壓降需低於 5％。

再者，供給變壓器的二次側端子（或者低壓受電的引入點）至最遠端負載的電線長度大於 60m 時，幹線與分支電路的總壓降如下表所示：

表 2-1　至最遠端負載電線長度大於 60m 時的電壓降

變壓器的二次側端子或者引入點至最遠端負載的電線長度	電壓降	
	由使用場所變壓器供電的場合	低壓受電的場合
120 m 以下	5％ 以下	4％ 以下
200 m 以下	6％ 以下	5％ 以下
200 m 以上	7％ 以下	6％ 以下

（節錄改寫自內線規程 1310-1）

　　計算所有分支電路的壓降過於耗時費力，實務上，一般會假定分支電路的壓降為 2％，定出幹線壓降的上限，僅計算幹線壓降來決定幹線大小。

　　配電盤、動力控制盤通常會設於負載附近，除非是特殊情況，從配電盤、動力控制盤至敷設分支電路的電線長度通常不會極端冗長。因此，分支電路的配線大小多取決於負載電流與電線的容許電流。

　　然而，在大型工廠、室外設施，從配電盤至最遠端照明、插座的距離較長時，則必須考量電壓降，分支電路有時需使用較粗的配線。

2. 壓降計算

交流壓降的計算公式如下：

$$e = K \times I\,(R \cdot \cos\theta + X \cdot \sin\theta) \times L$$

e：電壓降〔V〕

K：壓降係數

　　單相二線式 $K = 2$（線間）

　　單相三線式 $K = 1$（大地間）

　　三相三線式 $K = \sqrt{3}$

　　三項四線式 $K = 1$（大地間）

I：電流值〔A〕

R：線路的導體交流電阻〔Ω/km〕

X：線路的電抗〔Ω/km〕

$\cos\theta$：負載端功率因數 $\sin\theta$ 以 $\sin\theta = \sqrt{1-\cos^2\theta}$ 推算

L：線路長度〔m〕

實務上是以上述公式計算，但多數場合會使用下述的簡略公式。

表 2-2　壓降的簡略公式

配電方式	公式	對象壓降
直流二線式 單相二線式 單相三線式	$e = \dfrac{35.6 \times L \times I}{1000 \times A}$	線間
三相三線式	$e = \dfrac{30.8 \times L \times I}{1000 \times A}$	線間
單相三線式 三相四線式	$e = \dfrac{17.8 \times L \times I}{1000 \times A}$	電壓線－中性線間

e：電壓降
I：電流值
L：線路長度
A：電線的導體截面積

　例如，三相三線 200V、負載電流 100 A、線路長度 50m、電線的導體截面積 38mm² 時，電壓降為：

$$e = \frac{30.8 \times 50m \times 100A}{1000 \times 38mm^2} \fallingdotseq 4.05V$$

相對電源電壓的壓降比率為：

$$\frac{4.05A}{200V} \times 100 \fallingdotseq 2.0\%$$

將表 2-2 的簡略公式移項後，可以計算低於指定壓降的所需電線大小。

表 2-3　移項壓降簡略公式的電線大小計算

配電方式	公式	對象壓降
直流二線式 單相二線式 單相三線式	$A \geqq \dfrac{35.6 \times L \times I}{1000 \times e}$	線間
三相三線式	$A \geqq \dfrac{30.8 \times L \times I}{1000 \times e}$	線間
單相三線式 三相四線式	$A \geqq \dfrac{17.8 \times L \times I}{1000 \times e}$	電壓線－中性線間

　例如，三相三線式 200V、負載電流 120A、線路長度 70m、幹線壓降需小於 3% 的場合，200V 的 3% 是 200 × 3% = 6V，所以：

$$A \geqq \frac{30.8 \times 70m \times 120A}{1000 \times 6V} = 43.12mm^2$$

　由壓降限制可知，這條幹線需使用粗 43.12mm² 以上的電線。實際上，幹線大小的選定，尚需考量幹線斷路器的額定容量與電線的容許電流。

　以這個例子來說，幹線斷路器的額定容量，為求保險，負載電流取稍大的 150A，則需選擇幹線容許電流 150A 以上，且粗（截面積）43.12mm² 以上的電線。

　根據（一般社團法人）日本電線工業會的規格 JCS 0168（表 2-4），周圍溫度 40℃、空中架設或者暗渠敷設的單條 CVT 電纜容許電流：標稱截面積 38mm²

的為 155A、60mm² 的為 210A。僅考慮容許電流的話，可以使用 38mm² 的電纜，但壓降需低於 3% 時，則應選用更粗的 60mm² 電線。

表 2-4　600V CVT 電纜的容許電流
（周圍溫度 40℃、絕緣體容許溫度 90℃、空中或暗渠的單條敷設）

標稱截面積	容許電流
14 mm²	86A
22 mm²	110A
38 mm²	155A
60 mm²	210A
100 mm²	290A

（「JCS 0618 33kV 以下電纜的容許電流計算」節錄）

❷ 動力控制盤

1. 電動機（motor）的保護

　　電動機原則上每台皆需設置專用的分支電路（內線規程 3705-2）。電動機的分支電路為防過電流造成燒損，需裝設自動切斷過電流或者偵測到過電流發出警報的裝置（電技解釋 153 條）。

　　電動機啟動時，會產生大於額定電流的始動電流。當電動機進入過負載狀態時，內部繞組會出現大於額定電流的過電流。為了保護電動機不因過電流燒毀，需要考量電動機的電流特性施予過電流保護，不因短時間的始動電流進行動作，而過負載造成的過電流則啟動保護機制。

　　三相電動機除了過負載運轉產生過電流之外，也會因為欠相，3 條電源線其中 1 條脫離的狀態產生過電流。欠相造成的過電流，一般的過電流斷路器無法偵測，發生欠相的狀態時，電動機內部的繞組可能過熱而燒起來。為了防止欠相造成繞組燒毀，除了過電流斷路器，尚需偵測欠相狀態的保護裝置。

　　動力控制盤的分支電路除了配線用斷路器之外，還有設置電磁接觸器（electromagnetic contactor）、熱動繼電器（thermal relay）。雖然電動機的保護方式有複數種，其中最為基本的方式是，組合配線用斷路器、電磁接觸器與熱動繼電器的保護方式。熱動繼電器會使用 2 元件型（2E relay），可以偵測過負載造成的過電流，也具備檢測欠相過電流的功能。

　　這樣的組合方式，配線用斷路器偵測出巨大短路電流時，會開啟斷路器；熱動繼電器檢測出過負載、欠相的過電流時，會開啟電磁接觸器。

　　另外，市面上也有電動機保護用過電流斷路器（motor break），同時具備短路保護與過電流保護的功能。使用電動機保護用過電流斷路器時，需依各電動機

的功率與特性來選擇。

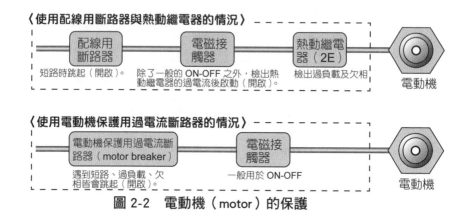

〈使用配線用斷路器與熱動繼電器的情況〉

| 配線用斷路器 | 電磁接觸器 | 熱動繼電器（2E） | 電動機 |

短路時跳起（開啟）。　除了一般的 ON-OFF 之外，檢出熱動繼電器的過電流後啟動（開啟）。　檢出過負載及欠相

〈使用電動機保護用過電流斷路器的情況〉

| 電動機保護用過電流斷路器（motor breaker） | 電磁接觸器 | 電動機 |

遇到短路、過負載、欠相皆會跳起（開啟）。　一般用於 ON-OFF

圖 2-2　電動機（motor）的保護

2. 電動機的啟動法

　　如同前述，電動機啟動時，會產生大於額定電流的始動電流。始動電流約為額定電流的 5 ～ 8 倍。始動電流愈大，電源的配線大小相對愈粗，需要提升電源側的變壓器容量。輸出功率小的電動機還沒有太大的問題，但輸出功率大的電動機，得配合大的始動電流改變電線大小、變壓器容量，徒增工程成本。而且，通入大的始動電流，電源電壓可能一時間降低，對機器造成負擔。所以，內線規程針對額定輸出超過 3.7kV 的三相感應電動機，規定需裝設降低始動電流的啟動裝置（內線規程 3305 － 2，但滿足一定條件下，可不裝設啟動裝置）。

　　建築空調設備等一般常用的電動機，有鼠籠式三相感應電動機。鼠籠式三相感應電動機的內部轉子為「鼠籠式」，是構造簡單且堅固耐用的馬達，廣泛用於各種機器。

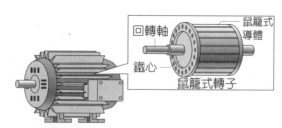

	鼠籠式導體
回轉軸	
鐵心	鼠籠式轉子

圖 2-3　鼠籠式三相感應電動機

降低鼠籠式三相感應電動機的始動電流，其啟動法有下述方式：

①星三角啟動法

電動機內部的定子繞組一般是連接成三角（Δ）形，而星三角啟動法是僅在開始的數秒間連接成星（Ｙ）形，開始回轉後改回三角形。定子繞組連接成星型所花費的電壓，可降為連接成三角形的 $\dfrac{1}{\sqrt{3}}$。繞組的電流與電壓平方成正比，所以始動電流能夠降低 $\dfrac{1}{3}$。但是，啟動力矩也會降低 $\dfrac{1}{3}$。

②補償器啟動法（自耦變壓器啟動法）

使用變壓器來降低啟動電壓的方法。例如，啟動電壓是額定值的 $\dfrac{1}{2}$ 時，繞組的電流與電壓平方成正比，始動電流為能夠降低 $\dfrac{1}{4}$。但是，啟動力矩也會降低 $\dfrac{1}{4}$。

③電抗器啟動法

在電源與電動機之間加入電抗（線圈狀的繞組機器），壓抑始動電壓進而降低始動電流的方法。電壓會隨回轉數逐漸上升，力矩也跟著變大，加速能夠得到大力矩。

3. 動力控制盤的分支電路與幹線的設計

構成電動機分支電路的配線用斷路器，其額定電流、配線大小取決於電動機的負載電流、始動電流、電線壓降等因素。針對每個分支電路檢討配線用斷路器的額定電流、配線大小，是相當繁瑣的作業。為了省去這項作業，配線規程中刊載了便利的圖表，提示電動機額定功率對應的配線用斷路器、電線大小。下一頁的圖表為其部分節錄。

內線規程 3705-1 表　單台 200V 三相感應電動機的分支電路（配線用斷路器的場合）（銅線）

※ 假設最大長度至末端的壓降為 2%

額定輸出〔kW〕	總負載電流（契約電流）	不同配線種類的電線粗細				過電流斷路器（配線用斷路器）〔A〕		接地線的最小電線〔mm²〕
		電線管、線渠在3條電線以下的場合及 VV 電纜配線等		CV 電纜配線		全壓啟動	使用啟動器（Y－△啟動）	
		最小電線〔mm²〕	最大長度〔m〕	最小電線〔mm²〕	最大長度〔m〕			
0.2	1.8	1.6	144	2.0	144	15	－	1.6
0.4	3.2	1.6	81	2.0	81	15	－	1.6
0.75	4.8	1.6	54	2.0	54	15	－	1.6
1.5	8	1.6	32	2.0	32	30	－	1.6
2.2	11.1	1.6	23	2.0	23	30	－	1.6
3.7	17.4	2.0	23	2.0	15	50	－	2.0
5.5	26	5.5	27	3.5	17	75	40	5.5
7.5	34	8	34	5.5	20	100	50	5.5
11	48	14	37	14	37	125	75	8
15	65	22	43	14	28	125	100	14
18.5	79	38	61	22	36	125	125	14
22	93	38	51	22	30	150	125	14
30	124	60	62	38	39	200	175	22
37	152	100	86	60	51	250	225	22

（內線規程 3705-1 表　單台 200V 三相感應電動機的分支電路(配線用斷路器為銅線的場合，節錄刊載）

　　例如，Y － △ 啟動額定功率 7.5kW 的電動機時，若過電流斷路器的額定電流為 50A、配線使用 CV 電纜，則電線大小應為 5.5mm²。

　　內線規程也有刊載動力控制盤配線大小、主斷路器額定電流的對應表。

內線規程 3705-4 表　200V 三相感應電動機的幹線大小及器具容量（配線用斷路器的場合）（銅線）

※ 假設最大長度至末端的壓降為 2%

電動機kW數的總和〔kW以下〕	最大使用電流〔A以下〕	最小電線〔mm²〕	最大長度〔m〕	啟動方式	0.75以下	1.5	2.2	3.7	5.5	7.5	11	15	18.5	22	30	37	45	55
				Y-Δ輸出值	—	—	—	—	5.5	7.5	11	15	18.2	22	30	37	45	55
3	15	2	16	全壓	20	30	30	—	—	—	—	—	—	—	—	—	—	—
				Y-Δ	—	—	—	—	—	—	—	—	—	—	—	—	—	—
4.5	20	2	13	全壓	30	30	40	50	—	—	—	—	—	—	—	—	—	—
				Y-Δ	—	—	—	—	—	—	—	—	—	—	—	—	—	—
6.3	30	5.5	24	全壓	40	40	40	50	75	—	—	—	—	—	—	—	—	—
				Y-Δ	—	—	—	—	40	—	—	—	—	—	—	—	—	—
8.2	40	8	26	全壓	50	50	50	60	75	100	—	—	—	—	—	—	—	—
				Y-Δ	—	—	—	—	50	50	—	—	—	—	—	—	—	—
12	50	14	36	全壓	75	75	75	75	75	100	125	—	—	—	—	—	—	—
				Y-Δ	—	—	—	—	75	75	75	—	—	—	—	—	—	—
15.7	75	14	24	全壓	100	100	100	100	100	100	125	125	—	—	—	—	—	—
				Y-Δ	—	—	—	—	100	100	100	100	—	—	—	—	—	—
19.5	90	22	31	全壓	125	125	125	125	125	125	125	125	125	—	—	—	—	—
				Y-Δ	—	—	—	—	125	125	125	125	125	—	—	—	—	—
23.2	100	22	28	全壓	125	125	125	125	125	125	125	125	125	150	—	—	—	—
				Y-Δ	—	—	—	—	125	125	125	125	125	125	—	—	—	—
30	125	38	38	全壓	175	175	175	175	175	175	175	175	175	175	—	—	—	—
				Y-Δ	—	—	—	—	175	175	175	175	175	175	—	—	—	—
37.5	150	60	52	全壓	200	200	200	200	200	200	200	200	200	200	200	—	—	—
				Y-Δ	—	—	—	—	200	200	200	200	200	200	200	—	—	—
45	175	60	44	全壓	225	225	225	225	225	225	225	225	225	225	225	250	—	—
				Y-Δ	—	—	—	—	225	225	225	225	225	225	225	225	—	—
52.5	200	100	65	全壓	250	250	250	250	250	250	250	250	250	250	250	250	300	—
				Y-Δ	—	—	—	—	250	250	250	250	250	250	250	250	300	—
63.7	250	100	52	全壓	350	350	350	350	350	350	350	350	350	350	350	350	350	400
				Y-Δ	—	—	—	—	350	350	350	350	350	350	350	350	350	350
75	300	150	66	全壓	400	400	400	400	400	400	400	400	400	400	400	400	400	400
				Y-Δ	—	—	—	—	400	400	400	400	400	400	400	400	400	400
86.2	350	200	74	全壓	500	500	500	500	500	500	500	500	500	500	500	500	500	500
				Y-Δ	—	—	—	—	500	500	500	500	500	500	500	500	500	500

幹線大小 CV電纜配線；過電流斷路器（配線用斷路器）的容量〔A〕　※ 全壓啟動：上欄數字　Y-Δ 啟動：下欄數字

（內線規程 2705-4 表 200V 三相感應電動機的幹線大小及器具容量（配線用斷路器為銅線的場合）。節錄刊載）

　　例如，電動機的額定功率總和 40kW，其中最大功率為 11kW，採用 Y - Δ 啟動的場合，則幹線的 CV 電纜為 60mm²、動力控制盤的主斷路器為 225A（根據壓降條件，視需要加大電纜大小）。

4. 控制電路

　　動力控制盤中的控制電路能夠 ON-OFF 電動機的電源，或者以 Y-Δ 啟動電動機時，將定子繞組由 Y 形切換為 Δ 形。控制電路接收來自外部的訊號（資訊）後，遵循既定程序 ON-OFF 指定的機器電源，若是發生故障則停止機器，並對外鳴響警報。如同上述，依照既定的程序 ON-OFF 機器的控制方式，稱為「順序控制（sequential control）」。

　　動力控制盤的控制電路，是採取順序控制。舉例來說，利用順序控制，機器能夠控制「啟動排風扇後，自動運轉（連動）吸風扇」、「排水槽積攢一定水量後，自動啟動幫浦排水，待水排完自動停止幫浦」等等。

　　動力控制盤中的順序控制電路，是由接收或者發射外部訊號的繼電器（relay）、定時器、手動操作的按鍵與切換開關，以及 ON-OFF 電源電路的電磁接觸氣所組成。

〈機器 A 與機器 B 的連動〉

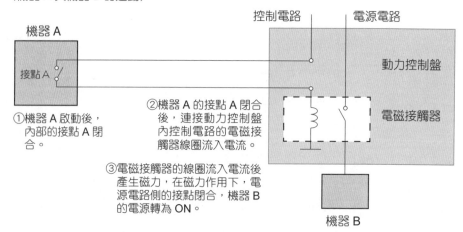

圖 2-4　順序控制（連動）的範例

第**3**章

其他的
電力設備

哇！

轟隆！

雷打下來了！

妳真興奮耶！

雷是打在避雷針上，對吧？

為什麼建築物會沒事呢？

我想要更了解防災設備，設備設計一級建築師應該很清楚吧…

防火區劃貫穿處理

轟隆、轟隆……

這怎麼可能是做夢？

也對啦…

這邊有一位叫做月紗的天使，是我拜託她用移動能力把妳叫過來的……

我想妳不會相信吧——

我相信妳。

乾脆

真的嗎！？

不好了，她跟妳是同樣類型的人。

什麼意思？

但是，我只相信自己親眼看到的東西，所以只信一半。

我剛剛還在工作，應該是被某種力量移動到這裡的。

長谷川玲良

設備設計一級建築師
確認一定規模的建築物，是否符合設計或者設備相關規定。日本在 2010 年新設的職業。

至於有無天使，就先保留吧。

太好了，她好像跟妳不一樣。

長谷川小姐，好帥喔！

咦？

只要我講解完防災和避雷設備後，就能回到原本的地方嗎？

是的！

妳這其實是在威脅對方吧。

我們先從防災設備講起吧。

1 防災設備

這是日本曾發生過的商業設施等火災案例。

年	都道縣府	火災發生場所	死亡數
1972	大阪	千日百貨公司	118
1973	熊本	大洋百貨公司	103
1980	栃木	川治王子飯店	45
1982	東京	新日本大飯店	33

大型建築發生火災的話，災情會很慘重呢！

想要降低災情，我們要做三件事：

防止火災發生與擴大、及早發現滅火、協助人員安全避難。

這些都是受到建築基準法、消防法的規範。下一頁是相關的統整。

① 建築構造本身不易燃

耐火建築物　　主要構造部為耐火構造（能夠承受火災熱度 1 小時左右的構造）

準耐火建築物　　主要構造部為準耐火構造（能夠承受火災熱度 30 ～ 40 分左右的構造）（兩者皆為不因一般火災熱度而倒塌的建築）

② 使用不易燃的建材、內裝材等

不燃材料	準不燃材料	耐燃材料
混凝土、防火砂漿、瓦、鋼鐵、玻璃等	厚 9mm 以上的石膏板、木絲水泥板等	耐燃合板、耐燃纖維板等

③ 防火性能為了預防鄰近戶火災擴散，外壁、屋簷下、窗戶等開口處需有防止延燒的性能。

④ 每隔一定面積以不易燃的擋門、牆壁區隔防火區劃與防火門。

⑤ 火災發生時，自動關閉擋門、擋板防火防排煙連動控制設備

大型建築物
必須要具備

緊急照明（→ p.98）

① 及早發現火警
自動警報設備
緊急警報設備

② 初步滅火

滅火器　　　消防栓　　　自動灑水器

緊急廣播設備
指示燈

請人員
儘速避難！

2 火警自動警報設備

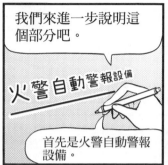

我們來進一步說明這個部分吧。

火警自動警報設備

首先是火警自動警報設備。

看一下那個。

圓圓扁扁的東西？

沒錯，那是探測器喔。

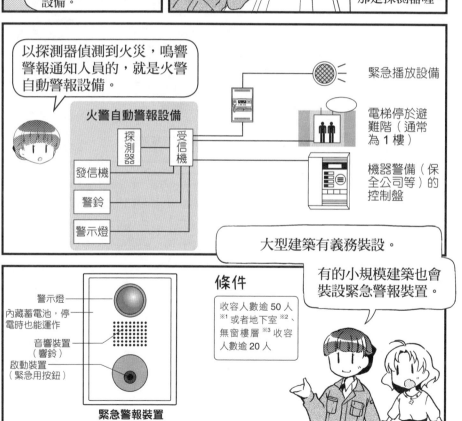

以探測器偵測到火災，鳴響警報通知人員的，就是火警自動警報設備。

火警自動警報設備

探測器 — 受信機

發信機

警鈴

警示燈

緊急播放設備

電梯停於避難階（通常為 1 樓）

機器警備（保全公司等）的控制盤

大型建築有義務裝設。

有的小規模建築也會裝設緊急警報裝置。

警示燈

內藏蓄電池，停電時也能運作

音響裝置（響鈴）

啟動裝置（緊急用按鈕）

緊急警報裝置

條件

收容人數逾 50 人※1 或者地下室※2、無窗樓層※3 收容人數逾 20 人

※1 旅館、旅館、醫院、蒸汽澡堂等逾 20 人（消防法施行令第 24 條）。
※2 地板低於地盤面，且地板至地盤面的高超過該階天花板高 1/3 的階層（建築基準法施行令第 1 條）。
※3 地上階中，避難上或者消防活動上有效開口處的總面積未達地板面積 30 分之 1 的階層（消防法施行令第 10 條、消防法實行規則第 5 條）。

探測器又分為偵煙式
和偵熱式兩種。

那個是
……？

那是偵煙探測器。

呵呵呵

光用看的就能
夠分辨嗎？

其實，地下室、無窗樓層、
走廊、樓梯都是裝設偵煙
探測器喔。

什麼嘛——

偵煙探測器裡頭有發光
部和受光部，平常是由
遮光部擋掉光線。

發光部

遮光部

火災發生

受光部

空氣可通過，
但光線不通過。

當煙跑到裡頭，煙粒子
引發光的亂射，受光部
便會感測到光線。

煙的粒子

光打到
受光部

光電式局限型探測器

順便一提，附有蜂鳴
器的探測器，是「住
宅用火災警報器」。

哇～
好有趣喔！

一般的火災是先產生煙
霧，所以偵煙感測器比
較能及早發現。

……

而且，它的探測範圍寬廣，
在大房間中，裝設數會比偵
熱探測器的來得少。

在更寬廣的地方、天花板較高的場
所，則會使用分離型偵煙感測器。

這邊的情況相反，是以
光被煙遮住的方式來偵
測火災。

相距
100m
以內

受光部　　煙　　發光部

光電式分離型探測器

我有問題

偵熱感測器要使用在哪裡呢？

偵煙感測器其實有缺點喔。

雖然它能夠及早發現，但誤報的情形比偵熱感測器還多。

很貴啊！！

還有，很貴。

偵煙感測器除了火災的煙霧之外，也會因灰塵、結露而啟動。

所以，在烹飪油煙較多的廚房，就得用偵熱感測器。

原來如此～

偵熱感測器分為定溫式和差動式。

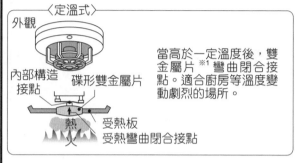

〈定溫式〉

外觀

內部構造　碟形雙金屬片
接點

熱 火　受熱板
　　　受熱彎曲閉合接點

當高於一定溫度後，雙金屬片※1 彎曲閉合接點。適合廚房等溫度變動劇烈的場所。

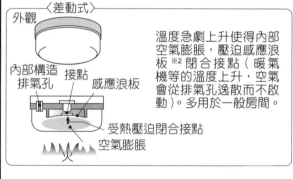

〈差動式〉

外觀

內部構造　接點　感應浪板
排氣孔

火　受熱壓迫閉合接點
　　空氣膨脹

溫度急劇上升使得內部空氣膨脹，壓迫感應浪板※2 閉合接點（暖氣機等的溫度上升，空氣會從排氣孔逸散而不啟動）。多用於一般房間。

偵煙感測器、偵熱感測器依感度分為一種、二種、三種等級，根據不同用途區分使用。

怎麼根據感度不同來區分使用？

※1 結合兩熱膨脹率不同的金屬片。溫度上升時，會往膨脹率較低的金屬側彎曲。用於自動開關等地方。

※2 diaphragm，隨壓力（氣壓）變化動作的膜狀物。

3 防火防排煙連動控制設備、緊急廣播設備

舉例來說，「防火防排煙連動控制設備」，

在發生火災時，自動降下防火擋門。

防火擋門

探測器

連動控制盤

這也是由偵煙探測器發出訊號來啟動。

我知道！這裡要使用低感度的設備！

為什麼？

不然擋門馬上就會降下來，這樣會來不及逃生嘛。

雖然連動控制設備和火警自動警報設備有時會各別設置，但也有些地方為求機能性而兼用兩者。

這些地方會使用整合兩者機能的「複合盤」。

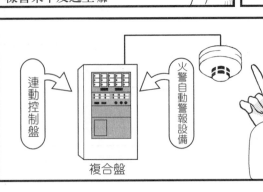

連動控制盤

火警自動警報設備

複合盤

外觀像是一般的感測器喔。

如果還想兼具感測器，可使用能發出二種、三種信號的「二信號式」的感測器。

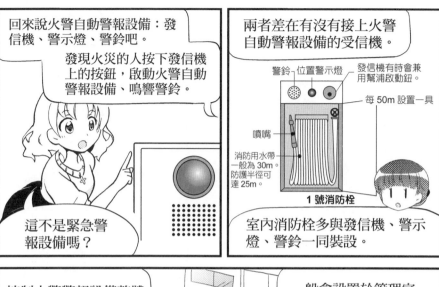

回來說火警自動警報設備：發信機、警示燈、警鈴吧。

發現火災的人按下發信機上的按鈕，啟動火警自動警報設備、鳴響警鈴。

這不是緊急警報設備嗎？

兩者差在有沒有接上火警自動警報設備的受信機。

警鈴　位置警示燈　發信機有時會兼用幫浦啟動鈕。

每 50m 設置一具

噴嘴

消防用水帶一般為 30m。防護半徑可達 25m。

1 號消防栓

室內消防栓多與發信機、警示燈、警鈴一同裝設。

控制火警警報設備整體機能的是「受信機」。

一般會設置於管理室、防災中心或者時常有人的管理室。

管理中心

受信機有 P 型和 R 型。

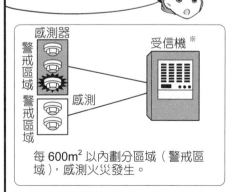

感測器

警戒區域

警戒區域

感測

受信機※

每 600m² 以內劃分區域（警戒區域），感測火災發生。

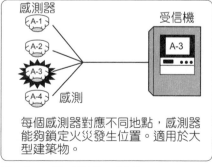

感測器

A-1
A-2
A-3
A-4

感測

受信機

A-3

每個感測器對應不同地點，感測器能夠鎖定火災發生位置。適用於大型建築物。

※　P 型 3 級受信機僅能接 1 條回線；P 型 2 級可接到 5 條；P 型 1 級可接 6 條以上。

像飯店等不特定人出入的建築，除了火警自動警報設備之外，也得裝設緊急廣播設備。

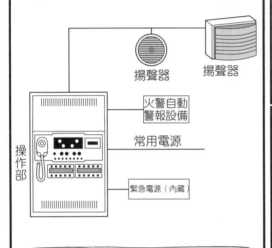

揚聲器　　　揚聲器

火警自動警報設備

常用電源

操作部

緊急電源（內藏）

兼具平時播放 BGM、尋人廣播的業務廣播設備，稱為「緊急業務兼用廣播設備」。

以人聲傳遞訊息能夠抑制混亂，更能順利疏導避難。

現在正在確認中。

剛才火災警報器的鳴響是～

將這些 ROM[※] 化，便能組合不同的語音自動播放。

但是，火災、地震發生停電時，不能廣播也就沒有意義了吧？

※　Read only memory（唯讀記憶體）。

所以，為了因應停電，揚聲器需要自備蓄電池。

揚聲器的配線要用耐熱性電線。

真的考慮到各種情況耶。

4 指示燈、緊急照明

報知火災的是火警自動警報設備；以聲音疏散避難的是緊急廣播設備。

接著是協助人員避難的「指示燈」和「緊急用照明」。

指示燈與緊急用照明的設置基準

建築基準法	消防法
緊急用照明	出口指示燈避難方向指示燈觀眾席引導燈要
蓄電池內藏型或者電源外置型可維持 30 分鐘以上光亮的燈具。	蓄電池內藏型可維持 20 分鐘以上光亮的燈具。 ※ 逾 50,000m^2 的大型建築需維持 60 分鐘以上。

依照指引出口的圖示板大小，指示燈區分 A 級、B 級、C 級。

根據建築的用途、寬廣，另有規範其設置基準。

設計建築時，在建築確認申請中，消防局除了會核對圖面，待指示燈設置完成，也會實地確認喔。

消防當局核對

真是嚴格耶——

不用指示燈的場所，會視需要設置指示標識。

這是貼紙類型

貼紙！

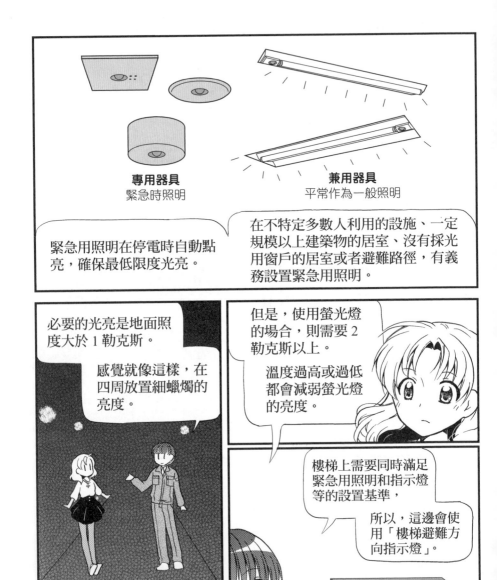

專用器具
緊急時照明

兼用器具
平常作為一般照明

緊急用照明在停電時自動點亮，確保最低限度光亮。

在不特定多數人利用的設施、一定規模以上建築物的居室、沒有採光用窗戶的居室或者避難路徑，有義務設置緊急用照明。

必要的光亮是地面照度大於 1 勒克斯。

感覺就像這樣，在四周放置細蠟燭的亮度。

但是，使用螢光燈的場合，則需要 2 勒克斯以上。

溫度過高或過低都會減弱螢光燈的亮度。

樓梯上需要同時滿足緊急用照明和指示燈等的設置基準，

所以，這邊會使用「樓梯避難方向指示燈」。

1▼　　▲2

緊急用照明分為器具裡內藏蓄電池（battery）的「電源內藏型」，和由與照明器具設置於不同場所的緊急電源設備（蓄電池）供電的「電源外置型」。

 簡單來說，分成電源在本體裡頭或外面嘛！它們是怎麼在停電後啟動照明的呢？

 電源內藏型連接著電源配線，平時對電池進行充電，當遇到停電，充電用的電源被切斷後，電池會自動轉為放電狀態點亮照明。

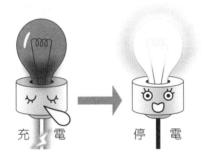

充　電　　　　停　電

 電源外置型是遇到停電時，平時為充電狀態蓄電池的電磁接觸器閉合，對緊急照明供給電源。

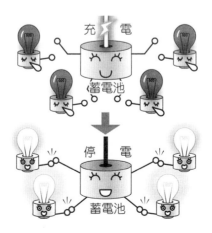

原來如此。這樣就不用擔心停電了。

 不過,電源內藏型需要定期更換電池;電源外置型也需要定期點檢、更換蓄電池設備喔。

 如果忘記這些事情的話,遇到停電時,就會一片昏暗啊!

 另外,緊急用照明器具是有壽命的,使用壽命較長的 LED 燈,可以減少更換頻率,但法律上在 2014 年後才承認使用 LED 照明,距離普及還需要一段時間。不過,但這間旅館的防災設備做得很確實喔!

 太好了!長谷川小姐!妳休假時一定要來住住看喔!

 呵呵。謝謝妳。

5 防災設備的注意事項

前面大致說明了防災設備，最後來談談意外事故吧。

結露

香菸

灰塵、蟲子

誤報的原因

火警自動警報設備的意外事故，就會誤報。

但是，只要使用緊近廣播設備，不就能馬上通知這是誤報嗎？

正常的情況下，不會有事故發生。

但忌諱誤報的管理員有時會直接關掉警鈴，結果實際發生火災時，

沒有人注意到事故發生，最後釀成大災害。

怎麼會……

還有防火門，如果在原本應該關起來的地方堆置物品，結果可能促使火勢延燒。

防火門

難得的防災設備……

另一項容易忘記的事情是，這些設備都有使用壽命。大致情形如右圖。

| 20 年 | | 15 年 | | 10 年 | 15 年 | 20 年 |

P 型收信機　　R 型收信機　　偵煙感測器　偵熱感測器　　發信機

等到機器發生故障就來不及了，就預防維修的觀點來說，設備應該定期更換。

內藏蓄電池的壽命約 4～5 年※。

這是保護生命的重要設備，為了發生突發狀況時能正常運作，不能疏於保養與點檢喔。

一定！

※　這是大致的指標。電力即將耗盡的蓄電池在繼續放電一段時間後，電壓便會瞬間降落，為了預防萬一，絕不能疏於點檢。

6 避雷設備

接著，我們來談避雷設備！

我們可以把落雷比喻成水。

拉下！

啪嘰！

受雷部
遭受雷直擊的部分

突針型 ——避雷針

水平導體型 ——導線

網格導體型 ——導線

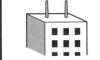

引下導線
將直擊受雷部的雷引導至地底的接地極。可敷設專用導線或利用建築的鐵骨、鋼筋。

接地極
引下導線流進的雷電流經由接地極向大地逸散。

A 型接地極
埋設板、棒狀的接地極

B 型接地極
埋設環狀或者網狀的接地極、鋼材

結構體接地極
利用建築的地基部分作為接地極

引下導線

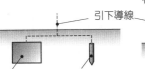
板狀接地極　　棒狀接地極

環狀接地極　　網狀接地極

地基部分

這把傘不會有點太大嗎？

太小的話，妳會淋濕吧？

避雷設備所需的大小、強度，在 JIS 裡都有規定喔※。

這麼大的話，就沒有問題了。

但這樣的話，我會如何呢？

啊！您會淋濕……

咦？

這傢伙竟然會用敬語？

單一避雷針的保護範圍有限，所以大型建築一般會採用組合的方式設置。

這邊有兩種方法判斷避雷設備的保護範圍，

分別是「保護角法」和「滾球法」。

※ JIS A 4201「建築物等的避雷設備」

我們先講保護角法。保護角是指建築設置的避雷設備能夠保護的範圍角度。

 聽起來好難……。

 那麼，我們來看下圖吧。

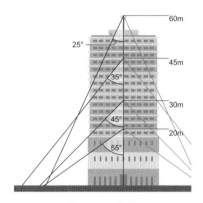

60m
25°
45m
35°
30m
45°
20m
55°

避雷針的保護範圍（保護等級 IV 的場合）

 為什麼角度會因高度而不同呢？角度愈大保護範圍愈廣吧？

 的確可以這麼想。但是，避雷設備的能力有限，在保護角度內也不能說是絕對安全。保護範圍愈廣，安全性愈低。所以，我們會縮小高建築的保護角，限定避雷設備的保護範圍。

保護角法的保護等級與保護角

保護等級	高度與保護角				
	20m	30m	45m	60m	60m 以上
I	25°	※	※	※	※
II	35°	25°	※	※	※
III	45°	35°	25°	※	※
IV	55°	45°	35°	25°	※

※ 適用滾球法或網格法。
　網格法是以網狀導體覆蓋範圍為保護範圍。

原來是這樣啊。圖上只到 60m 而已，若是更高的建築呢？

 超過 60m 的建築不能防護側面的雷擊，所以無法決定保護角。先由建築物高度決定保護角，在圖上畫出來後，再設定受雷部的設置場所。

 原來如此！

 那麼，接著是「滾球法」。這是以雷的前端為圓心，以影響範圍（雷擊距離）為半徑畫圓，超出圓的內側即為避雷設備的保護範圍。

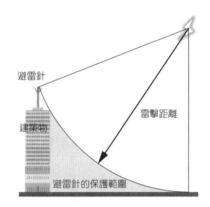

避雷針

建築物

雷擊距離

避雷針的保護範圍

 只要繞建築一圈像這樣畫圓，就能決定設置場所嗎？

 沒錯。使用電腦模擬時，就像是球體在周圍滾動一圈。根據保護等級，球體半徑為 20 ～ 60m。最近，採取滾球法的情形多於保護角法。

滾球法的保護等級與半徑

保護等級	半徑
I	20m
II	30m
III	45m
IV	60m

這樣防雷對策就沒問題了！

還沒喔！

前面所講的是，保護建築、人不遭受落雷的方法，這些稱為「外部防雷保護」。

根據日本建築基準法規定，高超過 20m 的建築物需設置避雷設備（外部防雷保護）

還另一項不能忘記的是，防護雷電突波災害的「內部防雷保護」。

雷電突波是什麼？

雷電突波（lightning surge），是受到雷電的影響，瞬間產生過電壓、過電流的現象。

侵入建築內部，會對機器造成影響。

沒有直接擊中也會嗎？

導致雷電突波發生的，可能是雷電打在避雷針、天線等的「直擊雷」，或是受到別棟建築、樹木落雷影響的「感應雷」。雷電突波常見的侵入路徑如下：

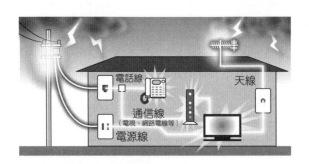

電話線
天線
通信線
（電視、網路電線等）
電源線

 這也可能造成電腦故障，要多加注意喔。

 咦──聽起來好麻煩喔。該怎麼辦才好呢？

 嗯……妳可以在電源線、通信線上加裝避雷器。若不想裝設避雷器，可以在打雷時關閉電源並拔掉連接的電纜。

 咦──好麻煩…

 話說回來，要拔掉全部的電纜不是件容易的事情。平時可以透過加裝電腦用的防雷物件，或者定期備份資料等方法預防。

落雷真是可怕…

嗯……

如果利用落雷，不就能產生很多的電力！

啊！

這個嘛……

落雷的確會產生巨大電流，但那只是一瞬間的事情，不足以供給日常生活。

這樣啊……

如果雷可以拿來利用的話，應該很有趣吧。

長谷川小姐不會笑我嗎？

我不想否定任何可能性。

閃亮！

長谷川小姐，請跟我交換聯絡方式！

逼近！

可以喔。

咦？這張照片…

啊！

長谷川小姐好可愛！旁邊的人是老公嗎？

不…還不是啦…

雖然他有向我求婚…

好厲害！

其實，我還在猶豫。我打算報考第二種電業主任技術員…

現在正忙著準備，取得資格後，責任也會變大……

抱歉，我只顧著自說自話…

我想，長谷川小姐做的決定，絕對是正確的！

哇……
我支持妳！

若覺得不安，就打電話給我吧！

……

謝謝妳。

揮動

呵

結衣也是，要是還有想問的事情，隨時打電話給我喔。

那麼，再見囉！

砰

！

第3章 補充

FOLLOW-UP

❶ 火警自動警報設備

1. 感測器的感測面積

火警自動警報設備的感測器，根據種類與裝置面高度（天花板高），有效的感測面積如下表。另外，建築的主要結構部是否為耐火結構，也會影響感測面積（根據日本消防法施行規則 23 條）。以下皆採用日本規定。

表 3-1　主要感測器的裝置面高度與感測面積

裝置面高度		感測器的裝置面高度與感測面積〔m²〕						
		4m 以下		4m 以上 8m 以下		8m 以上 15m 以下		15m 以上 20m 以下
感測器種類		耐火結構	其他	耐火結構	其他	耐火結構	其他	
差動式局限型	1 種	90	50	45	30	—	—	—
	2 種	70	40	35	25	—	—	—
差動式分布型	1 種	65	40	65	40	50	30	—
	2 種	36	23	36	23	—	—	—
定溫式局限型	特殊	70	40	35	25	—	—	—
	1 種	60	30	30	15	—	—	—
	2 種	20	15	—	—	—	—	—
光電式局限型	1 種	150	150	75	75	75	75	75
	2 種	150	150	75	75	75	75	—
	3 種	50	50	—	—	—	—	—

2. 感測器的設置基準

差動式局限型、定溫式局限型、光電式局限型等，設於距換氣口、空調等空氣吹出口 1.5m 以上的場所。而光電式局限型感測器，設於距牆壁、樑柱 60cm 以上的場所，天花板、近天花板裝有換氣用的吸氣口（排氣口）的場合，感測器設於其附近。

3. 受信機的設置基準

受信機的操作部，設於距地板 0.8m 以上（坐於椅子操作的類型則為 0.6m 以上）1.5m 以下處。

4. 發信機的設置基準

發信機設於距地板 0.8m 以上 1.5m 以下處。另外，在各樓層，設於距該樓各部分步行距離 50m 以下處。

❷ 指示燈

1. 指示燈的種類與大小

根據設置的場所及目的，指示燈分為以下三種：

表 3-2　指示燈的種類

種類	形狀	概要
出口指示燈		指示避難用逃生門、緊急出口。
避難方向指示燈		指示走廊、寬廣室內的避難方向。
觀眾席引導燈	觀眾席引導燈	設於戲院、電影院的觀眾席，確保避難時腳邊的燈光。

指示燈的大小與亮度，如下表所示：

表 3-3　指示燈的大小與亮度

區分	表示面的縱尺寸	表示面的平均亮度（燭光／m²）上段：常用電源　下段：緊急電源	
		出口指示燈	避難方向指示燈
A 級	40cm 以上	350 以上 800 以下 100 以上 300 以下	400 以上 1000 以下 150 以上 400 以下
B 級（BH 形）	20cm 以上 40cm 以下	5000 以上 800 以下 100 以上 300 以下	500 以上 1000 以下 100 以上 400 以下
B 級（BL 形）	20 cm 以上 40 cm 未滿	250 以上 450 未滿 100 以上 300 未滿	350 以上 600 未滿 150 以上 400 未滿

區分	表示面的縱尺寸	表示面的平均亮度（燭光／m²）上段：常用電源　下段：緊急電源	
		出口指示燈	避難方向指示燈
C 級	10 cm以上 20 cm未滿	150 以上 300 未滿 100 以上 300 未滿	300 以上 800 未滿 150 以上 400 未滿

2. 指示燈的設置基準

根據消防法施行令、施行規則以及消防廳告示，指示燈的設置基準如下頁表 3-4 所規範。

❸ 避雷設備

1. 打雷

打雷是大氣中發生的放電現象。空氣是不導電的絕緣體。雲層中，冰粒相互摩擦產生靜電，正電粒（正電荷）群與負電粒（負電荷）群分開。當正負電相互吸引，吸引力強烈到突破絕緣的空氣時，正負電荷相互吸附中和。這就是所謂的放電。

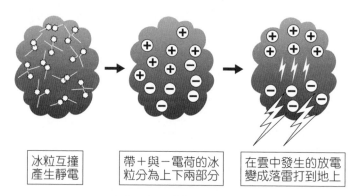

| 冰粒互撞產生靜電 | 帶＋與－電荷的冰粒分為上下兩部分 | 在雲中發生的放電變成落雷打到地上 |

圖 3-1　落雷的形成

這邊將雷比喻成水來說明。在橡膠氣球中裝入大量的水，再把氣球掛於高處。這顆裝滿水的氣球相當於充滿電荷的雷雲。拿針戳這顆氣球，氣球便會破掉，裡頭的水便會一口氣傾瀉而下。落雷的形成就像這樣。

表 3-4　指示燈的設置基準

■■附有 A 級、B 級 BH 型、B 級 BL 型的點滅機能　■ A 級、B 級 BH 型　■ C 級以上（無箭頭）、B 級以上　■ C 級以上全部：設於該棟建築所有樓層、地下室：僅設於該棟建築的地下室、11 樓以上：僅設於該棟建築 11 樓以上、無窗樓層：建築物地上階層中，沒有避難用或者消防活動用開口的階層　※（16 項）①複合防火對象物中，用途滿足 5 項①、6 項的場合，出口、避難方向指示燈可使用 C 級以上。

區分	防火對象物	出口指示燈 設置對象	出口指示燈 該層的地板面積	避難方向指示燈（室內）設置對象	避難方向指示燈（室內）該層的地板面積	避難方向指示燈（走廊）設置對象	避難方向指示燈（走廊）該層的地板面積	避難方向指示燈（樓梯）設置對象	觀眾席引導燈 設置對象
(1)	① 戲院、電影院、演藝廳或者展覽場	全部	避難口C級以上標示前頭的為B級以上	全部	避難方向C級以上	全部	避難方向C級以上	避難方向C級以上	全部
(1)	② 公會堂或集會所	全部		全部		全部			全部
(2)	① 表演酒吧、咖啡茶館、夜店等場所	全部		全部		全部			
(2)	② 遊藝場、舞廳	全部		全部		全部			
(2)	③ 風俗業相關（一部分除外）	全部		全部		全部			
(2)	④ KTV 等場所	全部		全部		全部			
(3)	① 接待所、料理店等場所	全部		全部		全部			
(3)	② 餐飲店	全部		全部		全部			
(4)	百貨公司、超級市場、物品販賣業的店舖或者展示場	全部		全部		全部			
(5)	① 旅館、旅館、住宿所等場所	地下室、無窗樓層、11樓以上		地下室、無窗樓層、11樓以上		地下室、無窗樓層、11樓以上			地下室、無窗樓層、11樓以上
(5)	② 宿舍、公寓或者共同住宅	地下室、無窗樓層、11樓以上		地下室、無窗樓層、11樓以上		地下室、無窗樓層、11樓以上			地下室、無窗樓層、11樓以上
(6)	① 醫院、診所或者助產院	全部		全部		全部			全部
(6)	② 老人短期照護中心、護理之家等場所	全部		全部		全部			全部
(6)	③ 老人長期照護中心、保育所等場所	全部		全部		全部			全部
(6)	④ 幼兒園或者特殊學校	全部		全部		全部			
(7)	小、中、高等學校、大學等場所	地下室、無窗樓層、11樓以上		地下室、無窗樓層、11樓以上		地下室、無窗樓層、11樓以上			地下室、無窗樓層、11樓以上
(8)	圖書館、博物館、美術館等場所	地下室、無窗樓層、11樓以上		地下室、無窗樓層、11樓以上		地下室、無窗樓層、11樓以上			地下室、無窗樓層、11樓以上
(9)	① 公共澡堂中，蒸汽浴池、熱氣浴池等場所	全部		全部		全部			全部
(9)	② ①公共澡堂以外的公共浴池	全部		全部		全部			全部
(10)	卸貨用停車場、船塢或者停機坪（僅限旅客乘降或者等待之用）	地下室、無窗樓層、11樓以上	避難口C級以上標示頭的B級以上標箭	地下室、無窗樓層、11樓以上	避難出口C級以上	地下室、無窗樓層、11樓以上			地下室、無窗樓層、11樓以上
(11)	神社、寺廟、教會等場所	地下室、無窗樓層、11樓以上		地下室、無窗樓層、11樓以上		地下室、無窗樓層、11樓以上			地下室、無窗樓層、11樓以上
(12)	① 工廠或者作業場	地下室、無窗樓層、11樓以上		地下室、無窗樓層、11樓以上		地下室、無窗樓層、11樓以上			地下室、無窗樓層、11樓以上
(12)	② 電影攝影棚或者電視攝影棚	地下室、無窗樓層、11樓以上		地下室、無窗樓層、11樓以上		地下室、無窗樓層、11樓以上			地下室、無窗樓層、11樓以上
(13)	① 汽車車庫或者停車場	地下室、無窗樓層、11樓以上		地下室、無窗樓層、11樓以上		地下室、無窗樓層、11樓以上			地下室、無窗樓層、11樓以上
(13)	② 飛機或者直升機的機庫	地下室、無窗樓層、11樓以上		地下室、無窗樓層、11樓以上		地下室、無窗樓層、11樓以上			地下室、無窗樓層、11樓以上
(14)	倉庫	地下室、無窗樓層、11樓以上		地下室、無窗樓層、11樓以上		地下室、無窗樓層、11樓以上			地下室、無窗樓層、11樓以上
(15)	不符合前面各項的單位	地下室、無窗樓層、11樓以上		地下室、無窗樓層、11樓以上		地下室、無窗樓層、11樓以上			地下室、無窗樓層、11樓以上
(16)	① 複合用途防火對象物中，其部分包含（1）項至（4）項、（5）項①、（6）項或者（9）項①之物	全部		全部		全部			全部
(16)	② ①以外的複合用途防火對象物	地下室、無窗樓層、11樓以上		地下室、無窗樓層、11樓以上		地下室、無窗樓層、11樓以上			地下室、無窗樓層、11樓以上
(16之2)	地下商店街	全部		全部		全部			全部
(16之3)	（16之3）建築物的地下室（(16之2)除外）連結地下道的平面與地下道（(1)項至(4)項(5)項①(6)項或者(9)項①之物）	全部		全部		全部			全部

觀眾席引導燈 設置對象補充：(1)項 全部；(2)～(15)項 一；(16)① (1)項的用途部分；(16)② 一；(16之3) (1)項的用途部分

（根據日本消防法施行令第 26 條作成）

如果氣球破掉時下面有人，會淋得渾身濕透。同理，如果人遭受雷擊，身體會流入大量電流，觸電身亡。建築遭受雷擊時，同樣也會流入大量電流，造成機器損壞或者燒毀。

2. 避雷設備

避雷設備可以想像成是為了保護建築物不被水淋濕而準備的雨傘。

雨傘需要適當大小與強度。雨傘過小，無法完全防水。若是雨傘有破損，水會滲入進來；若是雨傘不夠堅固，傘面會承受不了大量的水而破損，或者造成傘骨凹折。同理，避雷設備也需要適當的大小與強度。這個適當大小、強度的基準，由 JIS（JIS A 4201）所規範。

避雷設備的結構，有直接承受落雷的「避雷針、避雷導線（受雷部）」、將雷擊的大電流導至大地的「引下導線」，以及將來自引下導線的電流向大地逸散的「接地極」。

根據建築基準法，規定高逾 20m 的建築、建造物必須裝設避雷設備。另外，處理一定量以上危險物的工廠，除了建築基準法的準則之外，也受消防規範裝設避雷設備。

3. 內部防雷保護

避雷針、上樑導體能夠有效避免建築物或人遭受雷擊，但僅止如此，防雷對策仍有不足。即便沒有遭受直接雷擊，電子機器還是可能受到落雷的影響，因「感應雷」、「雷電突波」而毀損。受到落雷的影響，電線內一時之間感應出異常的電壓，導致機器燒毀。

避雷針等保護建築、人免於直接雷擊的是「外部防雷保護」；預防感應雷造成機器故障的是「內部防雷保護」。

內部防雷保護的手段，有為了防止雷擊突波的侵入，將機器與建築內的金屬部分電性連接，「等電位化」、「等電位聯結」消弭兩者的電位差；利用避雷器（保安器、避雷裝置、SPD：Surge Protection Device）的裝置，引導侵入電線的雷擊突波向大地逸散。

4. 等電位化（等電位聯結）

等電位化是將電力機器的接地線、建築的金屬部分進行電性連接，藉由統一接地來消弭接地極間、金屬部分電位差的手法。因為是等電位化，所以電性連接又稱為等電位聯結。

由外部侵入的雷電突波（過電壓、過電流），經由接地極向大地逸散。若未進行等電位化，遭受外部的雷電突波侵入時，接地極間、接地線與金屬製品之間

會產生電位差，引發放電現象、絕緣失效，造成機器故障、燒毀。

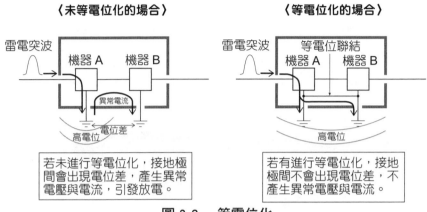

圖 3-2　等電位化

5. 避雷器（保安器、避雷裝置、SPD）

避雷器引導雷電突波侵入電線產生的異常電流向大地逸散，藉由避雷元件與大地接地。避雷元件平時為絕緣狀態，不流入電流，僅於過電壓產生時，絕緣性降低而流入電流。

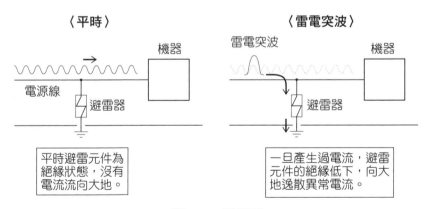

圖 3-3　避雷器

❹ 緊急用預備電源

1. 緊急用發電設備（緊急用發電機）

為了在停電時仍可使用電力，需要設置停電後援設備。其中，最具代表性的就是緊急用發電設備。

建築、各大設施的各種防災設備當中，某些停電後援有其法律上的設置義務。例如，消防法規範的消防栓幫浦、灑水器幫浦，建築基準法規範的排煙設備、緊急用電梯等。

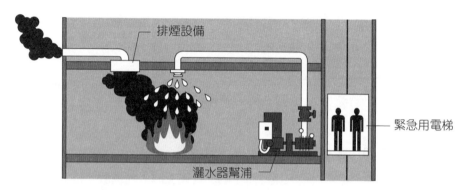

排煙設備

緊急用電梯

灑水器幫浦

圖 3-4　停電仍可運轉的防災設備

緊急用發電機在停電發生時仍可自動啟動運轉。其中，用來偵測停電的機具有欠壓繼電器，當電壓低於一定值以下時運作（接點閉合）的停電檢測裝置。

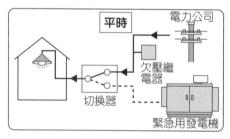
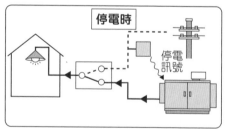

圖 3-5　緊急用發電機的啟動

在考量停電後援時，必須決定作為停電後援對象的機器，檢討受變電設備的構成，以便發電機向該對象機器供給電力。此時，緊急用發電機發出的電力，必須不是來自電力公司的配電系統。電力公司可能因為事故、工程、保養等而停電，若是發電機的電力流入停電中的配電系統，會擴大電力公司的事故，甚至可能造成工程、保養作業員觸電。

緊急用發電機是由發電機與驅動發電機的原動機（引擎）所構成，但這並不表示 100kW 的發電機能供電 100kW 的機器。例如，內裝電動機（馬達）的動力機器，發電機容量得大於馬達的始動電流。

根據法定防災設備所設置的緊急用發電機，需遵從總務省消防廳制定的發電機容量計算方法。

2. 柴油發電機與燃氣輪發電機

緊急用發電機依照引擎的不同，分為柴油發電機與燃氣輪發電機。一般常用的是內裝柴油引擎的柴油發電機。雖然柴油發電機比燃氣輪發電機便宜，但機體振動較大，廢氣多含有氮氧化物、硫氧化物等物質，對環境的負荷較大。另外，柴油引擎屬於水冷式，冷卻引擎得進行冷卻水的循環，需要設置儲存冷卻水的水槽、散熱器。

燃氣輪引擎屬於氣冷式，不用冷卻水，而是以空氣冷卻引擎，就裝置中需要壓縮空氣來說，需要比柴油引擎引進更多的空氣（外氣供給）。

表 3-5　柴油發電機與燃氣輪發電機的比較

	柴油發電機	燃氣輪發電機
使用燃料	輕油、A重油	煤油、輕油、A重油、液化天然氣
燃費	佳	不佳（約柴油的2倍）
冷卻水	需要	不需要
啟動時間	快速（5～40秒）	稍慢（20～40秒）
噪音	大	大（比柴油更高音）
振動	大（需要防震裝置）	小
重量	重	輕（約柴油的一半）
佔地面積	大	小
廢氣中的煤煙（NOx、SOx）	多	少
價格	相對便宜	昂貴

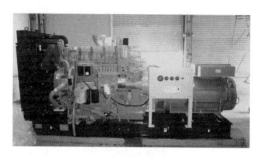

柴油發電機 （照片提供：富士電機股份有限公司）

3. 蓄電池設備

除了發電機以外，停電後援設備還有蓄電池設備（battery）。與乾電池一樣，蓄電池設備同為直流電源，又稱為「直流電源設備」。因為是直流電，可以直接作為緊急用照明、控制電源的停電後援。與緊急用發電設備相同，當檢出停電後，會自動轉為蓄電池來供電。蓄電池設備是由蓄電池與充電器所構成。充電器內裝將交流電轉換為直流電的整流器。

如同圖 3-6，充電器在對蓄電池充電的同時也向直流負載供電，發生停電時，會瞬間切換成蓄電池供電，能持續對直流負載供電。

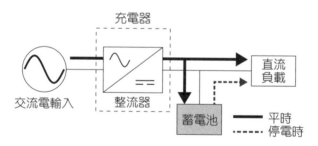

圖 3-6　蓄電池設備供電的範例

依照不同大小，蓄電池的種類分為有鉛蓄電池及鹼性蓄電池。鉛蓄電池、鹼性蓄電池還有許多種類，在充放電特性、壽命、保養容易度、價格等有所不同，需要根據用途、設置環境、經濟性來選擇使用。

過去，我們多使用維修時需要補充蒸餾水的蓄電池（開口式），但近年開發

出不需要補充水的蓄電池（閥控式），成為現在主流。

表 3-6　蓄電池的種類與特徵

分類	固定式鉛蓄電池（液式）			固定式鉛蓄電池（閥控式）		鹼性蓄電池（液式）			鹼性蓄電池（閥控式）
方式	開口式	開口式	開口式	閥控式	閥控式	開口式	開口式	開口式	封閉式
形式	CS—（E）	HS—（E）	PS—（E）	MSE	HSE	AM—P	AMH—	AHH—S	AHHE
標稱電壓（單顆）	2V	2V	2V	2V	2V	1.2V	1.2V	1.2V	1.2V
使用溫度範圍	−15℃～45℃	−15℃～45℃	−15℃～45℃	−15℃～45℃	−15℃～45℃	−20℃～45℃	−20℃～45℃	−20℃～45℃	−10℃～40℃
預期壽命（25℃）	10～14年	5～7年	5～7年	7～9年	5～7年	12～15年	12～15年	12～15年	12～15年
放電特性	低率	中率～高率	低率～中率	中率～高率	低率～中率	中率	中率～高率	高率	高率
補水	必要	必要	必要	不要	不要	必要	必要	必要	不要
耐振動	強	弱	弱	強	強	強	強	強	強
用途	操作用通信用其他	操作用緊急照明用發電機啟動用其他	通信用啟動用其他	操作用控制用緊急照明用UPS用其他	操作用控制用緊急照明用UPS用其他	操作用控制用通信用其他	操作用控制用緊急照明用其他	UPS用引擎啟動用	UPS用引擎啟動用其他
價格	稍微便宜	便宜	便宜	稍微昂貴	稍微昂貴	昂貴	昂貴	昂貴	昂貴

鉛蓄電池（閥控式）

鹼性蓄電池

（照片提供：GS YUASA 股份有限公司）

　　使用蓄電池的停電後援設備，還有不斷電系統（UPS）。UPS 內裝將直流電轉交流電的變換器，可作為忌諱電壓變動、瞬間壓降的電腦、通信器材等的電源。

　　如同下圖設置旁路（bypass）輸入後，遇到故障、過負載或者維修時，UPS仍可持續供給電源。

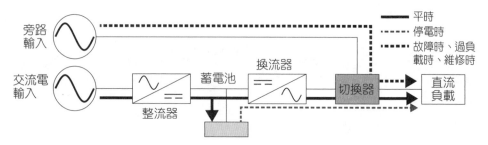

圖 3-7　不斷電系統（UPS）供電的範例

第**4**章

電力設備的核心

我們又不是開門進來的，沒關係啦！

哈哈！

我好像叫來了危險人物……

重新自我介紹一下。我是野村光一，擔任松之原電工的電業主任技術員，請多指教。

請您多多指教！

野村光一

電業主任技術員
執行電力設備的管理。根據日本電業法，法定資格有第一級至第三級。

妳剛才問哪裡有「蓄電設備」、「緊急用發電設備」對吧？

是的！

緊急用發電機

答案就是這邊！它設在配電室裡頭或鄰近的房間喔。

雖然配電室最重要的是設置「受變電設備」。

一亮！

受變電設備…？

我來說明吧！

緊握！

好…好的。

1 受變電設備

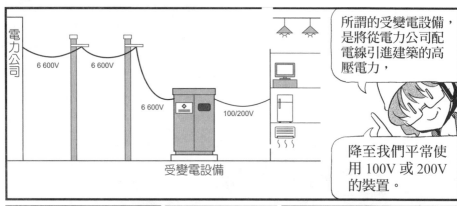

所謂的受變電設備，是將從電力公司配電線引進建築的高壓電力，

降至我們平常使用 100V 或 200V 的裝置。

怎麼降低電壓呢？

使用「變壓器（transformer）」啊！

變壓器……？

我有聽過！

變壓器的內部有著鐵製圓環的「鐵心」，

導線纏繞周圍形成「繞組」。

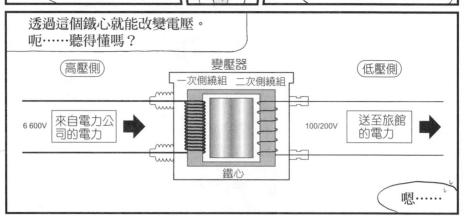

透過這個鐵心就能改變電壓。
呃……聽得懂嗎？

嗯……

簡單來講，繞組纏繞的圈數和電壓成正比。

 嗯……？這是什麼意思？

 其中的原理不好懂，這邊可以想像成下圖的槓桿。

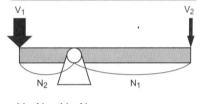

槓桿原理

天秤平衡時，支點左右兩側的（某點受力大小）×（與支點的距離）相等。此時，（支點右側受重 V_1）×（與支點的距離 N_1）與（支點左側受重 V_2）×（與支點的距離 N_2）會相等。

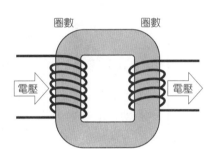

$V_1 \times N_2 = V_2 \times N_1$

$V_1 : V_2 = N_1 : N_2$

 ……原來如此。我了解變壓器的概念了。

 那麼，我們代入具體的數值吧。假設輸入側繞 100 圈（N_1）、輸出側繞 10 圈（N_2）。此時，從輸入側通入 500V 電力（V_1）的話……？

 100 圈和 10 圈的話，也就是 10 分之 1 嘛。由剛才的槓桿原理來想，電壓也會變為 10 分之 1，所以輸出側會流出 500×1/10=50V 的電力……？

 沒錯！變壓器就是利用這樣的原理，變換調整電壓！

受變電設備除「變電部」之外，還有一開始從配電線接受高壓電的「受電部」，和將低壓電配送至建築的「低壓配電盤」。

因此，得比電力公司的斷路器還要早啟動才行。

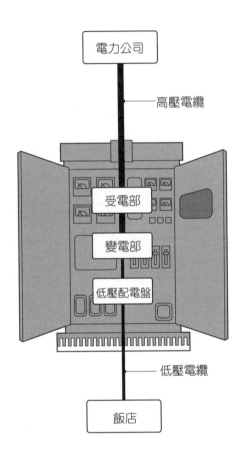

電力公司

── 高壓電纜

受電部

變電部

低壓配電盤

── 低壓電纜

飯店

一旦電力公司的斷路器啟動，很多地方都會發生停電。

這不只限於受電部，若能在更末端斷開的話，影響就能降到最低。

受電部的主要機能，是當建築內發生接地故障、短路時斷開電路，以免影響到電力公司的配電網。

2 保護協調

像這樣調整末端斷路器的啟動時機,稱為「保護協調」。

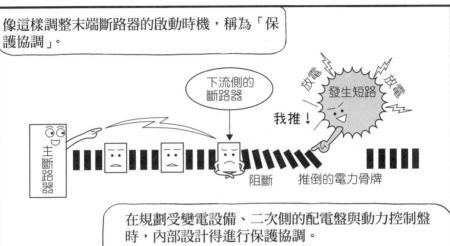

下流側的斷路器

發生短路

放電 放電

我推!

主斷路器

阻斷 推倒的電力骨牌

在規劃受變電設備、二次側的配電盤與動力控制盤時,內部設計得進行保護協調。

在建築用地,視需要在引入電力的地方設置斷路器、開關器。

這樣的場合,斷路器、開關器會是「受電部」和「受電設備」,配電室單純是「變電設備」。

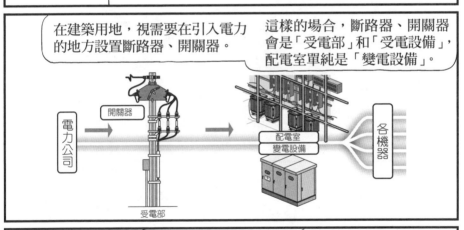

電力公司

開關器

受電部

配電室
變電設備

各機器

即便如此,變電設備一般還是會配有主斷路器。

在定期點檢時,若能切斷該部分的電路,作業上會比較安全。

3 啟斷容量、變壓器容量

斷路器有所謂的啟斷容量。

這表示「在多大的故障電流內，能夠安全切斷電路」。

像是高壓斷路器的啟斷容量就分成好幾個等級。

嗯⋯⋯

8kA
12.5kA
25kA
31.5kA
⋮

我們能夠事先知道事故發生時流過的電流嗎？

這取決於電壓和電阻！

電阻⋯是指電流的流動程度嗎？

對！機器、電線中交流電的流動程度⋯說得帥氣一點，就是阻抗！

用語哪有帥氣不帥氣的分別？

阻抗小，表示電阻小，也就容易流入大電流，需要較大的啟斷容量。

阻抗 小 → 需要啟斷容量 大
阻抗 大 → 需要啟斷容量 小

如果啟斷容量不足，會無法斷開故障電流，可能引起火災等事故。

但若啟斷容量過大，過剩設備缺乏經濟效益。斷路器的容量愈大，成本也就愈高。

也就是說，要選剛剛好的規格！

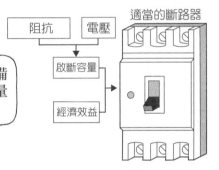

適當的斷路器

| 阻抗 | 電壓 |

啟斷容量

經濟效益

變壓器也一樣喔。

變壓器也有「變壓器容量」，表示可以變壓的電力容量，同樣要選適當的規格。

變壓器的額定容量
遵守指定電壓、頻率（額定電壓、額定頻率）使用機器，在規定溫度內能夠安全轉換的電力大小。

但相加二次側負載設備的額定容量，通常會發現過剩。

咦…什麼意思？

動力機器在型錄、本體上，會標示額定容量。

額定容量的範例 ※
空　調→暖氣：6.0kW
　　　　冷氣：6.0kW
電　梯→ 9.2kW
電冰箱→ 0.2kW
幫　浦→ 1.5kW

但一般使用情況下，動力機器的用電通常稍微小於額定值。

意思是「額定」的數值都比較大……嗎？

另外，當多台機器運轉時，所有機器並不會在同時以相同狀態持續運作。

即便是像電冰箱等長時間插著插頭的機器，也有運轉和不運轉的時候吧？

噏

壓縮機啟動中

每台機器的運轉時間不同。

這分為需量因數、參差因數。

我來說明計算方式。

※ 範例的額定容量為舉例，數值會因機種而異。

先講需量因數吧。雖然電器上有標示設備容量總和，但實際使用的最大所需功率會小於這個值喔。需量因數的計算方式如下：

$$需要率〔\%〕= \frac{最大需要電力〔w〕}{設備容量〔w〕} \times 100$$

需量因數愈高，表示愈多機器接近額定值同時運轉。

就是將實際使用的最大功率，除以該設備的功率容量吧！

接著是參差因數，這個數值表示複數設備單位的使用功率，是各設備最大所需功率總和與實際最大所需功率的比率。計算方式如下：

$$參差因數 = \frac{最大需要電力的合計〔w〕}{實際的最大需要電力〔w〕}$$

參差因數愈接近 1，表示愈多設備同時使用。我們可以從兩者求得所需的電源容量（變壓器容量）。

只要知道需量因數和參差因數，就可推知實際所需的功率容量，幫助決定變壓器容量。但是，這些是實際使用後才能知道的數值，還是得先決定變壓器容量……

沒錯。因此，我們實際上是根據類似的設施、過去的經驗來決定假想值，為了避免「實際設置變壓器後才發現容量不足」的問題，通常會採用較大的數值。

4 配電室

接著是受變電設備，就像入口的危險標誌所示，觸碰會有危險。

高壓危險

危險

配電室
非工作人員禁止進入

禁止進入

坐起！

飄～

配電室果然很危險啊…

沒事的！這邊是封閉式！

豎起！

封閉式？

這邊到底安不安全啊？

這是變電箱。

是用來收納高壓受變電設備的鋼板箱。

外側的鋼板不通電，我們可以用手觸碰。

箱櫃是廠商組合後送過來的，剩下的作業只有連接建築與配線，非常輕鬆！

箱櫃也有裝設在頂樓、室外的喔～

變電設備

我有看過這個！

但是，室外設置可能會因闖入的小動物觸電，造成變電箱異常停止，所以不能留有縫隙。

小動物造成異常……必須要注意不要讓牠們闖進來才行。

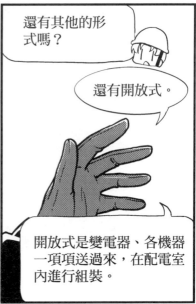

還有其他的形式嗎？

還有開放式。

開放式是變電器、各機器一項項送過來，在配電室內進行組裝。

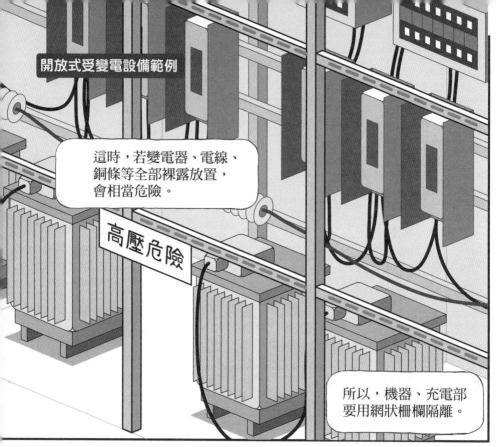

開放式受變電設備範例

這時，若變電器、電線、銅條等全部裸露放置，會相當危險。

高壓危險

所以，機器、充電部要用網狀柵欄隔離。

嗯……開始愈來愈難了。

呼—

真的。我都聽不懂。

結衣很認真聽我講解，我很高興喔。

能有天使附身的孩子，果然都很乖巧。

我才沒有附身！！

我沒有被她附身，而是請求她留下來。

妊笑

是拿東西威脅我吧——

月紗都這麼說了，是我威脅天使留下來的！！

斷言

妳不必重講一遍啦！

這樣啊。妳和天使的感情真好。

為什麼會這樣想？

哈哈哈哈

順便一提，這是我的天使。

拿出

好可愛——

她叫做小螢。

但我最近都在忙工作，沒時間和她聊聊。

要是和女兒也能像這樣聊天就好了。

這樣的話，可以計劃家族旅行啊！
來住三保溫泉的天之川飯店！

妳也太會宣傳了吧！？

天之川……？

這間是我父母
經營的飯店。

我也想要和
小螢聊聊！

想和她做好朋友！

緊握

砰！

謝謝妳！

我一定會帶她來的！

和父親聊聊嗎……

砰！

結衣！

驚嚇！

我說過這邊很危險，不可以接近！

理直氣壯

啊……
對不起。

不要在這裡玩，趕快去唸書！

緊握

我……
有好好學習！

為了天之川飯店，我是來學習電力設備的……

翻

……

話說回來，前一陣子……

驚——

妳有跟我講漏電的事……

驚！

啊……對。

多虧結衣找到原因了。真的就像妳說的那樣。

摸

謝謝妳。

嗯！

但是，配電室很危險，不能隨便跑進來。想進來看的話要跟爸爸說一聲，知道了嗎？

知道了……

第4章　補充　FOLLOW-UP

❶ 啟斷容量

1. 短路電流的計算

斷路器的啟斷容量，指的是斷路器能夠安全切斷電路的電流值。在選擇配線用斷路器時，除了表示一般狀態下的額定電流，還必須決定啟斷容量。

在決定斷路器的啟斷容量時，需要計算斷路器在設置的環境下，能夠流通的最大故障電流。算出最大故障電流之後，選擇額定啟斷容量大於該值的斷路器。

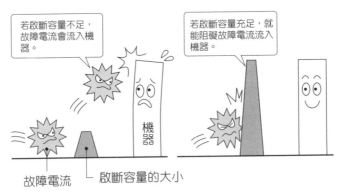

若啟斷容量不足，故障電流會流入機器。

若啟斷容量充足，就能阻礙故障電流流入機器。

機器

故障電流　└ 啟斷容量的大小

圖 4-1　啟斷容量的大小

最大故障電流會引起短路故障，所以計算最大故障電流，就是求短路故障時流入的電流值。三相的場合，則計算三相短路時的電流值。因為電線、電纜有阻抗，只要加長電源線的線路長度，就能相對減少故障電流，但在決定低壓配電盤配線用斷路器的啟斷容量時，需要假定在變壓器二次側（低壓側）端子處發生短路故障，忽略線路的阻抗。

2. 短路電流的計算範例

短路電流的大小取決於電壓與阻抗，計算短路電流時，常用變壓器的短路電壓百分比（% Z）來表示。在變壓器二次側短路的狀態下，提高一次側的電壓時，二次側流入的電流與一次側的電流成正比。二次側電流達額定電流時的一次側電壓與一次側額定電壓的比率值，即為短路電壓百分比，又稱為短路阻抗百分比。

變壓器二次側端子處短路時的短路電流為：

$$Is = \frac{In}{\%Z} \times 100 \quad (Is：短路電流、In：額定電流、\%Z：短路阻抗百分比)$$

假設變壓器為三相三線 6.6kV ／ 210V、100kA、$\%Z = 2.7\%$，則額定電流為：

$$In = \frac{100kVA}{\sqrt{3} \times 210V} \fallingdotseq 275A$$

二次側端子處的三相短路電流為：

$$Is = \frac{275A}{2.7\%} \times 100 \fallingdotseq 10.2kA$$

配線用斷路器的額定啟斷容量有 2.5kA/5kA/10kA/25kA/30kA……等。上述例子中，計算所得的短路電流為 10.2kA，所以應選額定啟斷容量 25kA 的斷路器。

另外，由配線用斷路器的型錄、規格，額定啟斷容量會以額定極限短路啟斷容量（I_{cu}）與額定使用短路啟斷容量（I_{cs}）來表示。兩者為斷路器規格 JIS C 8201-2-1、JIS C 8201-2-2 以及 IEC 60947-2 規範的啟斷容量，但一般是以額定極限短路啟斷容量（I_{cu}）來選擇斷路器。

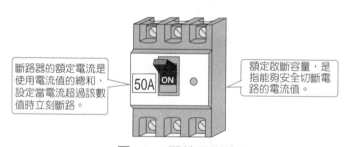

斷路器的額定電流是使用電流值的總和，設定當電流超過該數值時立刻斷路。

50A ON

額定啟斷容量，是指能夠安全切斷電路的電流值。

圖 4-2　配線用斷路器

❷ 變壓器容量

1. 什麼是變壓器容量？

計算變壓器的必要容量時，需先列出變壓器負載的機器，計算各機器的必要電源容量後相加。

例如，計算業務用櫃式空調的電源容量時，會先確認該機種在型錄上刊載的規格表。下頁圖表為業務用空調（室外機）的規格範例。在電力特性的欄位中，

記載了消耗功率、電流、功率因數、啟動電流等資訊。該機種的場合，冬季低溫暖氣模式的消耗功率為 6.74kW，暖氣模式的功率因數為 90％，得知必要電源容量為：

$$\frac{6.74\text{kW}}{0.9} ≒ 7.5\text{kVA}^{※2}$$

※2 VA 為視在功率（→ p.144）的單位。

項目		型號	PUHY-GP224DMG3 （8 馬力）
電源			三相 200V 50/60Hz
冷氣能力〔kW〕			22.4
暖氣能力〔kW〕			25.0
低溫暖氣能力〔kW〕			20.0
APF（2015）			6.2
功率特性	消耗功率〔kW〕	冷氣	5.79
		暖氣	5.86
		低溫暖氣	6.74
	電流〔A〕	冷氣	18.57
		暖氣	18.79
	功率因數〔％〕	冷氣	90
		暖氣	90
	啟動電流〔A〕		15
壓縮機	電動機功率〔kW〕		4.0
曲軸箱加熱功率（最大）〔W〕			32
送風機	風量〔m³/min〕		170
	電動機功率〔kW〕		0.46
冷媒配管尺寸（主管）	液管		∅ 9.52 硬焊
	氣管		∅ 19.05 硬焊
噪音值（PWL）〔dB（A 特性值）〕			78.5
產品重量〔kg〕			182

（三菱電機股份有限公司業務用空調（室外機）的規格節錄）

2. 變壓器容量的計算範例

　　在計算變壓器容量時，得考慮需量因數、參差因數。若是負載可能同時運轉的空調，適逢盛夏冷氣、深冬暖氣運轉尖峰時，可能出現所有空調完全運轉的狀態，出現需量因數 100％、參差因數 1.0 的情況。

　　除了空調之外，給排水幫浦、換氣扇等各種機器混雜使用時，得根據各個機器的需量因數來討論整體的參差因數。以下述負載的場合為例：

空調 7.5kVA（前頁的 8 馬力型號）	3 台
換氣扇 0.4kW（能源效率 70％、功率因數 60％）	4 台
給水幫浦 3.7kW（能源效率 90％、功率因數 80％）	1 台
排水幫浦 2.2kW（能源效率 90％、功率因數 80％）	1 台
作業用機器 10kVA（需量因數 60％）	5 台

　　各機器需要的電源容量如下所示。另外，電動機的所需電源容量等於額定功率除以能源效率與功率因數。

- 空調　　　　7.5kVA ×3 台 ≒ 22.5kVA

- 換氣扇　　　$\dfrac{\mathbf{0.4kW}}{\mathbf{0.7 \times 0.6}}$ ×4 台 ≒ 3.8kVA

- 給水幫浦　　$\dfrac{\mathbf{3.7kW}}{\mathbf{0.9 \times 0.8}}$ ×1 台 ≒ 5.1kVA

- 排水幫浦　　$\dfrac{\mathbf{2.2kW}}{\mathbf{0.9 \times 0.8}}$ ×1 台 ≒ 3.0kVA

- 作業用機器　10kVA ×5 台 × 需量因數 ≒ 30kVA

　　如果所有機器持續同時運轉，則所需的變壓器容量可由各機器的所需電源容量相加求得。

22.5 + 3.8 + 5.1 + 3.0 + 30 = 64.4kVA

　　一般泛用變壓器的額定容量有 20、30、50、75、100、150、200、300、500kVA……等，所以上述例子需選 75kVA 的變壓器。

　　若各機器非同時運轉，則需考量參差因數。參差因數是由類似設施的實際數據、各個設施的運轉條件等推定的數值。假設參差因數為 1.4 的場合：

$$\frac{64.4}{1.4} = 46.0\text{kVA}$$

則需選用 50kVA 的變壓器。

計算變壓器容量的需量因數、參差因數,多由經驗推測而來,數值未必精確,也可能因為計算的人不同而出現差異。電動機的功率因數、能源效率也並非嚴謹的數據,多是引用內線規程上刊載 JIS 數據的概算值,所以計算出來的所需電源容量僅為粗略的概算值。另外,在預估各個數值時,如果過於考量安全問題,可能會因此選擇容量過大的變壓器,需要多加注意。

另外,實際決定間歇運轉機器的需量因數時,通常得考慮運轉時間。上述例子中,假設給水幫浦的需量因數為 30%、排水幫浦的需量因數為 10%、參差因數稍小(假設 1.2 左右),則各機器的所需電源容量如下:

· 空調　　　7.5kVA ×3 台 × 需量因數 1.0 ≒ 22.5kVA

· 換氣扇　　$\dfrac{0.4\text{kW}}{0.7\times0.6}$ ×4 台 × 需量因數 1.0 ≒ 3.8kVA

· 給水幫浦　$\dfrac{3.7\text{kW}}{0.9\times0.8}$ ×1 台 × 需量因數 0.3 ≒ 1.5kVA

· 排水幫浦　$\dfrac{2.2\text{kW}}{0.9\times0.8}$ ×1 台 × 需量因數 0.1 ≒ 0.3kVA

· 作業用機器　10kVA ×5 台 × 需量因數 0.6 ≒ 30kVA

合計:

$$22.5 + 3.8 + 1.5 + 0.3 + 30 = 58.1\text{kVA}$$

考量參差因數後,所需電源容量為:

$$\frac{58.1}{1.2} = 48.4\text{kVA}$$

就原本的需量因數定義來說,像這樣考量運轉時間的需量因數設定,是有所偏誤的做法,但相較於考量各機器的運轉時間,僅套入參差因數的方式,考量各機器的運轉時間,再套入需量因數來的方式,有時會更接近實際所需的變壓器容量。

在決定變壓器容量時,如果將來預計增添設備的場合,變壓器容量得事先留有某種程度的餘裕,或者確保增設變壓器、配電盤的空間等等,需要進一步檢討。

❸ 進相電容器與串聯電抗器

1. 電抗與功率因數

　　進相電容器裝設於受變電設備，用以改善電動機等電感性電抗負載造成的功率因數落後。電感性電抗是指線圈狀的繞組感應起電時伴隨而來的阻抗。電感性電抗發生時，電流相位會遲於電壓相位。電壓與電流相位偏差的餘弦值稱為功率因數，電流相位遲於電壓相位的狀態，稱為滯後功率因數落後。

圖 4-3　電壓與電流的相位偏差

　　在電壓與電流相位偏差的狀態下，會產生無效功率。無效功率是指僅往復於電源與負載間，未能有效做功的功率。與無效功率相對，實際做功、被消耗的功率稱為有效功率。

$$功率因數 = \frac{有效功率}{視在功率} = \cos\phi$$

圖 4-4　無效功率的發生

　　向負載輸送電源時，除了有效功率之外，還必需加上無效功率，合成視在功率。電壓與電流的相位偏差愈大，產生的無效功率愈大，相對需要較大的電源容量。如此一來，會增加電力公司的設備負擔。因此，電力公司會向改善功率因數的電力用戶提供優惠福利，藉以促進各電力用戶改善功率因數。

進相電容器能夠改善電感性電抗負載造成的功率因數落後。電容器裡頭有電容性電抗。電容性電抗與電感性電抗相反，具有推進電流相位超前電壓相位的作用。藉由設置進相電容器，能夠消弭電感性電抗負載造成功率因數的落後。

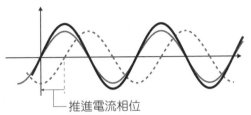

推進電流相位

圖 4-5　進相電容器的作用

2. 進相電容器容量

進相電容器容量是利用負載的設備容量（有效功率）、現在（改善前）的功率因數與改善後（目標）的功率因數，代入下式計算而得。一般來說，會設定改善後的功率因數為 95% 左右。若將功率因數的目標設定為 100%，所需的電容器容量甚大，缺乏經濟效益。

$$Q = P\left(\sqrt{\left(\frac{1}{\cos^2\theta_1}-1\right)} - \sqrt{\left(\frac{1}{\cos^2\theta_2}-1\right)}\right)$$

Q：所需電容器容量〔kVAR〕※、P：有效功率〔kW〕
$\cos\theta_1$：改善前功率因數、$\cos\theta_2$：改善後功率因數
例如：
・負載設備容量　　$P = 500\text{kW}$
・改善前功率因數　$\cos\theta_1 = 0.8$
・改善後功率因數　$\cos\theta_2 = 0.95$
則

$$Q = 500\text{kW} \times \left(\sqrt{\left(\frac{1}{0.8^2}-1\right)} - \sqrt{\left(\frac{1}{0.95^2}-1\right)}\right) \fallingdotseq 210\text{kVAR}$$

又，負載設備容量為 500kW、功率因數為 0.8，則視在功率為：

$$\frac{500\text{kW}}{0.8} = 625\text{kVA}$$

比較視在功率與電容器容量，可知電容器容量是視在功率的 $\frac{1}{3}$ 左右。因此，

※ VAR 為無效功率的單位。

149

我們通常會以視在功率 $\frac{1}{3}$ 換算的設備容量（或變壓器容量），作為電容器容量的指標。

3. 串聯電抗器

在設置進相電容器時，電容器會另外串聯設置電抗器。如果沒有串聯電抗器，當流入諧波電流時，電容器會過熱燒毀，可能引發機器故障或者火災。

串聯電抗器的容量，原則上是進相電容器容量的 6%，但如果諧波的影響甚大，則會設定 8% 或者 13%。

4. 諧波

相對於基本頻率的正弦波，頻率為基頻整數倍的正弦波，稱為諧波。東日本商用電源的頻率為 50Hz（赫茲），所以頻率為 50 的整數倍，比如 2 倍 100Hz、3 倍 150Hz、4 倍 200Hz、5 倍 250Hz 的電壓、電流皆為諧波。

白熾燈、動力機器的電動機可以使用交流電，但電視、收音機、電腦等電子產品（內裝電晶體、IC、LSI 等半導體零件的機器）需以直流電運作，不能直接使用交流電。為了以交流電運作電子產品，交流電需先轉換成直流電。

■ 50Hz 地區
□ 60Hz 地區
■ 50/Hz 混合地區

圖 4-6　日本的電源頻率

電腦配件中的 AC 變壓器，便是把交流電轉為直流電的裝置。

將交流電轉為直流電的過程，稱為「整流」，整流用的裝置為整流器。整流器在將電源電壓由交流轉為直流時，會產生諧波。整流器是諧波電流的發生源。

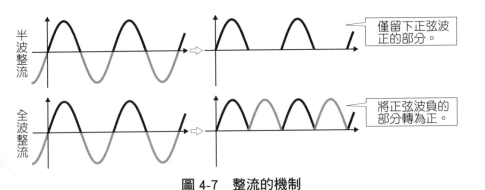

半波整流

全波整流

僅留下正弦波正的部分。

將正弦波負的部分轉為正。

圖 4-7　整流的機制

照明器具中，螢光燈也是諧波的發生源。螢光燈可以使用交流電照明，但點亮時，會利用安定器控制電壓、電流。這個過程便會產生諧波。

另外，在動力機器中，「換流器控制」也是諧波發生源。換流器是藉改變電源頻率，控制電動機轉速的裝置。換流器在改變電源頻率時，會將基頻交流電轉為（整流）直流電，接著轉成任意頻率的交流電，所以與整流器一樣為諧波的發生源。

整流器、螢光燈、換流器等產生的諧波（諧波電流），會流入電源側。如果複數機器產生的諧波電流，在電力公司的配電網中合成巨大的諧波電流，則會造成許多問題。

進相電容器過熱即為問題之一。流入大量的諧波電流後，電容器會過熱燒毀。

串聯電抗器能夠預防諧波造成電容器過熱、燒毀。簡單來講，電抗器是線圈狀的電力元件，能夠阻礙交流電流通。

除此之外，諧波還會引起電子產品異常、通信設備混入雜音等問題。為了防止諧波帶來的種種問題，日本經產省制定了《諧波抑制對策指南》。其中，提示了抑制諧波發生的對策。另外，在 JIS C 61000-3-2，另有規定家電產品等的諧波電流限值。

電力設備的控制與替代能源

1. 中央監控設備
2. 需量控制
3. 汽電共生系統
4. 太陽能發電、風力發電
5. 定期點檢

今天不是假日嗎？
妳怎麼穿著制服？

月紗……
謝謝妳。

其實，我今天要和
爸爸認識的技術員
碰面。

是喔。

因為要去公司，我
想說穿制服會比較
正式。

前陣子，爸爸聽進了我的建議，我好高興。

想要表示意見、讓對方聽進去，都需要先好好學習才行。

這是我向各位老師身上學習到的。

一切都是多虧了月紗喔。

妳不會再一心想蓋城堡了吧？

唔⋯⋯

我已經不需要城堡和蠟燭大吊燈了！

我會更努力經營飯店！接下來還必須繼續加油學習！

咦？

消失

那個…我想拜託妳一件事，妳能不能把我移動到那個人的公司呢？

那就不需要我了吧？

嗚哇！？

咻！

驚

妳要親自過去嘛。

真拿妳沒轍——

太棒了！

我早就想要體驗一次看看了。

午安，妳是高橋先生的女兒吧。

我是高橋結衣。請您多多指教。

我叫做三村，是這間製造廠的工程師。

前任老闆經營的時候，我有去天之川飯店住過幾次喔。

三村光男

電力設備機器製造廠工程師
從事電力設備的設計、組裝工程、測試運轉等，清楚了解各機器的細節。

那是間相當雅緻的飯店。

你不覺得飯店太過老舊嗎？

有些人覺得復古的地方住起來比較舒適啊。

原來也會有客人這樣想啊…

那麼，妳今天想問什麼呢？

我想要節省飯店的電費！

原來如此，妳們想要節約能源啊。

1 中央監控設備

那麼，先來說明「中央監控設備」。

那是什麼樣的設備呢？

這是集中管理受變電設備、空調設備、給排水設備以及照明等運轉狀態的設備。

都是前面學過的……

喀嗒！

又稱「大樓管理系統」或「BEMS」，一般都會設於管理室、防災中心等地方。

本體的形式分為桌上電腦型，

以及專用控制盤型。

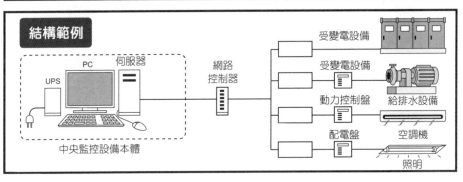

結構範例

UPS

PC　伺服器

網路控制器

受變電設備

受變電設備

動力控制盤

給排水設備

空調機

配電盤

照明

中央監控設備本體

說到簡單的節能，就是不浪費不必要的電力。

像是暖氣或冷氣開太強，或是房間夠亮卻還點燈嗎？

沒錯。

這種程度的節能不需要中央監控設備也能做到，

但如果能以數據確認浪費多少電力和節能產生的成果，就能更有效地減少浪費。

中央監控設備能在設備發生異常時，第一時間通知管理者，

並將電費、瓦斯費、水費，和修理、故障履歷轉為數據保存下來。

中央監控設備的機能

主要機能	內容
計畫性停電	利用季節、時間或者假日，調整空調機能、照明。
事故性控制	在事故等特定事態發生時，依照既定程序控制機器。
停復電處理	停電後復電時，依照既定程序回復設備機器停電前的狀態。
能源使用費管理	收集電費、瓦斯費、水費等費用數據。
電力需量控制	解析用電量，超過契約電力時停止機器。
租戶費用管理	由用電量計算每租戶的月費。
故障記錄	紀錄設備機器的異常、故障。

2 需量控制

最有效果的是需量控制。

需量？

「需量（demand）」，就是需要的意思。

「需量電力」是建築、設施所需的「需要電力」。

妳認為一年當中什麼時候用電量最多呢？

夏天…吧？

常常要開冷氣……

對，沒錯。

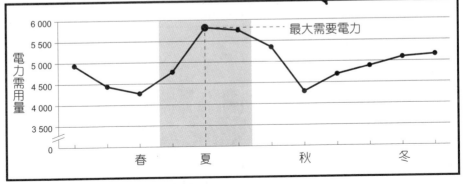

以瓦斯作為空調能源時，有些地方是冬天的暖氣會達到需要電力的尖峰，

但冷氣運轉量多是在夏天午後迎來尖峰。

最大需要電力

電力需用量

6 000
5 500
5 000
4 500
4 000
3 500
0

春　　夏　　　秋　　　冬

電費是基本費用加上從量費用。

大致來講，兩者多為各佔一半。

電費

基本費用
（由契約電力計算）

＋

從量費用
＝
電力單價×用量

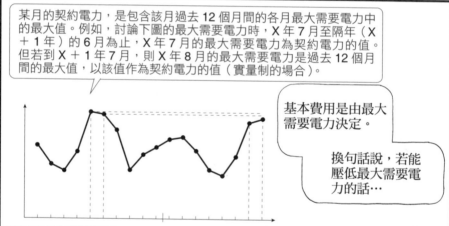

某月的契約電力，是包含該月過去 12 個月間的各月最大需要電力中的最大值。例如，討論下圖的最大需要電力時，X 年 7 月至隔年（X＋1 年）的 6 月為止，X 年 7 月的最大需要電力為契約電力的值。但若到 X＋1 年 7 月，則 X 年 8 月的最大需要電力是過去 12 個月間的最大值，以該值作為契約電力的值（實量制的場合）。

基本費用是由最大需要電力決定。

換句話說，若能壓低最大需要電力的話…

就能夠壓低基本費用！

實現手段之一就是需量控制。

這是在需要電力接近尖峰時，為了防止超過或過於接近契約電力，事先設定切斷機器電源的機能。

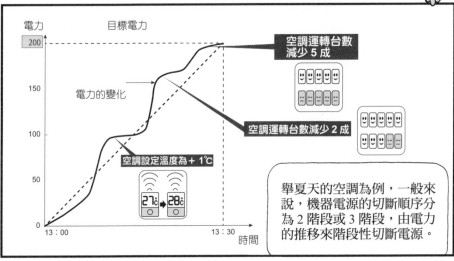

電力

目標電力

200

150

100

50

0

電力的變化

空調運轉台數減少 5 成

空調運轉台數減少 2 成

空調設定溫度為＋1℃

27℃ ➡ 28℃

13：00　　　　　　　　　13：30

時間

舉夏天的空調為例，一般來說，機器電源的切斷順序分為 2 階段或 3 階段，由電力的推移來階段性切斷電源。

需量控制為一般中央監控設備的機能之一，但也有獨立設置控制裝置的情況。

電力公司的發電所必須能提供最大需要電力，

但除了尖峰用電，其餘時間不會完全運轉。

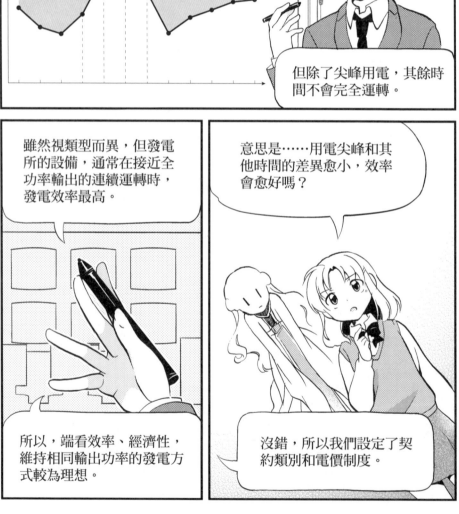

雖然視類型而異，但發電所的設備，通常在接近全功率輸出的連續運轉時，發電效率最高。

所以，端看效率、經濟性，維持相同輸出功率的發電方式較為理想。

意思是……用電尖峰和其他時間的差異愈小，效率會愈好嗎？

沒錯，所以我們設定了契約類別和電價制度。

譬如有這樣的契約類別。

深夜電力契約

適用於個人住宅夜間使用儲水式電熱水器，儲存熱水供隔天使用的場合。

季節及時段電力契約※

（日本東京市的電力）
根據夏季與其他季節，再依尖峰時段、半尖峰時段、離峰時段區分，詳細訂定不同的電價。夏季尖峰時段設定較高的電價。對夜間電力需要大的商業設施、夜間營運的工廠來說，此契約的電價比較便宜。

另外還有儲熱的方法。

這是夜間用電儲存熱能，白天調節溫度。

夏天→冷水
冬天→溫水

晚上儲存於水槽，白天用於冷暖氣。

儲熱槽

需要大型水槽

白天將水槽內的熱送往空調

夏天時，相較於冰水，儲存冰塊的冰蓄熱系統，運用於空調的效果更好。

※ 契約詳細內容視不同電力公司而異（此為 2016 年 4 月東京電力公司的情形）。

汽電共生系統

 妳有聽過汽電共生嗎?

 汽、汽電……?對不起……。

 不,沒關係的。汽電共生指的是同時生成使用電和熱的系統。具體來說,家用發電機發電,把產生的廢熱運至冷暖氣空調、熱水器等家電,不將發電時產生的廢熱排放到大氣中,而是作為空調、熱水器的熱源,更有效地利用能源。

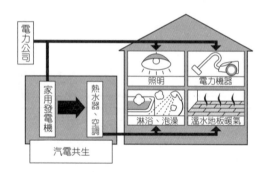

 這樣一來,使用廢熱來加熱泡澡用的熱水,就能夠省下瓦斯費了!

 有可能。另外,雖然家用發電機的發電可用於設施內,但若想要供給全部的電力,需要設置大型發電機,缺乏經濟效益,所以我們也會從電力公司接受電力,搭配兩者來使用。這稱為「系統連結」。

如果家用發電機的發電多於設施內的消費電力，剩餘的電力會流入電力公司的輸配電線。家用發電機的電力像這樣逆向流入電力公司輸配電線的現象，稱為「逆向潮流」。在逆向潮流的狀態下，家用發電機的機能就像電力公司的發電所。

感覺好像很厲害……但流入輸配電線不會很危險嗎？

沒錯，發生逆向潮流時，可能擾亂電力公司輸配電網的電壓、頻率。所以，汽電共生系統為了防止產生逆向潮流，通常會限制發電功率。當電力公司發生停電時，家用發電機便會自動停止，防止電力流入停電中的輸配電線。

這樣感覺好可惜。

有些家用發電機在特殊情況下，可以在停電期間使用，這稱為獨立運轉。使用獨立運轉時，得像緊急用發電設備一樣限制停電時的運轉機器，為了防止逆向潮流，需在受電點裝設斷路器等配套措施。

其次，裝設家用發電機若搭配系統連結，可減少家用發電機的供電。這樣一來，向電力公司買電，電費相對便宜。特別是在夏天的用電尖峰季節使用發電機的話，可以減少購電量，既可以降低契約電力，還能壓低每年的基本費用。

4 太陽能發電、風力發電

汽電共生的家用發電機是利用排出的廢熱，

但太陽光也可用來發電，建築內使用的就是太陽能發電設備。

一般會在頂樓、空地、停車場的屋頂等處設置太陽能電池（太陽能板）。

太陽能發電系統範例

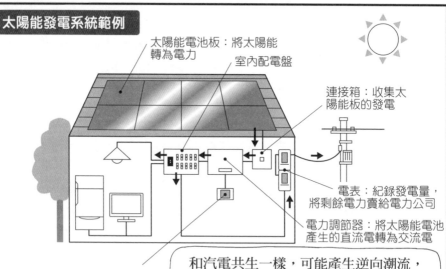

太陽能電池板：將太陽能轉為電力

室內配電盤

連接箱：收集太陽能板的發電

電表：紀錄發電量，將剩餘電力賣給電力公司

電力調節器：將太陽能電池產生的直流電轉為交流電

監視器：監控發電系統

和汽電共生一樣，可能產生逆向潮流，獨戶住宅等設置的太陽能發電設備，一般是容許逆向潮流的系統。

也可以將家中沒有使用完的發電電力，販售給電力公司的系統。

喔～～！

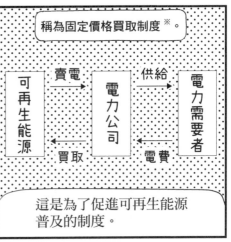

稱為固定價格買取制度※。

| 可再生能源 | 賣電 → ← 買取 | 電力公司 | 供給 → ← 電費 | 電力需要者 |

這是為了促進可再生能源普及的制度。

可再生能源？

就是利用後能在相對短時間內再生，不會枯竭的能源。

風力發電就是其中一種喔。

風力發電的範例

葉片：受風旋轉

增速機：增幅風車的旋轉，傳至發電機

發電機：以增幅的旋轉數來運轉

短艙：收納發電機等

電力調節器：調整發電電壓、頻率

塔架

變壓箱：將電力的電壓轉為電力公司輸配電線的電壓

電力

※　日本於 2012 年 7 月推動，國家有義務每隔一段時間向電業者以固定價格買取可再生能源發電電力的制度。買取價格視該年而定。

日本主要是以火力發電供給電力。

水力
8.5%　　　新能源等 2.2%
　　　　　核能 1.0%

火力 88.4%

發受電的電量 ※1

但是，由現已確認的埋藏量推算，石油、天然氣大約再過 50 ～ 60 年，煤炭大約再過 100 年便會用盡 ※2。

就快用完了……

這是 18 世紀後期工業革命之後，人類持續大量使用化石燃料的緣故。

化石燃料？

1 億年以前的動植物死骸堆積於地底，經過長年熱、壓力的作用下，變質為石油、煤炭、天然氣。

這些稱為化石燃料或化石能源。

依靠自然的力量產出化石燃料，需要耗費數千萬年的時間。

使用後，就不容易再生。

所以我們才要利用可再生能源嘛！

※1 2013 年度的數據。根據日本資源能源廳《能源白皮書 2015》作成。
※2 2016 年 4 月至今。

在太陽能發電、風力發電等「可再生能源」中，

排出溫室氣體較少、又具備多樣性的能源，稱為「新能源」。

日本《促進新能源利用特別措施法（新能源法）》[※]指定了 10 種新能源。

新能源的定義
技術上逐漸達到實用階段，但因經濟方面的制約而尚未普及，且符合非化石能源導入的能源。

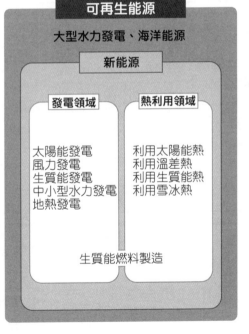

可再生能源

大型水力發電、海洋能源

新能源

發電領域	熱利用領域
太陽能發電 風力發電 生質能發電 中小型水力發電 地熱發電	利用太陽能熱 利用溫差熱 利用生質能熱 利用雪冰熱

生質能燃料製造

※　日本在 1997 年為加速促進新能源利用等所制定的法規。

定期點檢

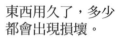
東西用久了，多少都會出現損壞。

電力設備、機器也要定期實施點檢、維護。

好的。

定期實施點檢，在損壞前進行維護，這稱為「預防維修」。

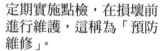

這能夠事先預防意外的事故、問題發生，延長機器、設備的使用年限。

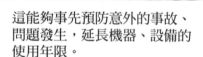

與此相對，損壞後才進行修理的做法，稱為「事後維護」。

經常聽到「壞掉後再修理就行了吧？」的講法。

的確，根據對象不同，有時事後維護就足夠了。

但是，一旦發生問題，是不是可能造成電力停止供給，或演變成嚴重事故呢？

說的沒錯。

啊，不用開燈，我想欣賞夕陽。

如果停電，會造成工廠停擺、醫院無法進行檢查和手術等嚴重的問題……

漏電可能釀成火災，甚至造成更大的損害、傷亡，所以預防維護必須徹底落實。

要是等電力設備發生故障時，通常需要花費大把時間才能找出原因喔。

嗯！

呵呵，真是可靠。

天之川飯店有結衣在的話，就不用擔心了。

真的嗎！？

妳稍微休息一下，我去泡茶。

好的！

我還必須更努力學習。

努力學習，整修旅館後，再招攬更多客人來住。

月紗要當見證人喔！

咦？

月紗⋯⋯
怎麼變透明了？

真的啊！
妳看⋯⋯

喀喳！

真的嗎？

啪！

怎麼了嗎？

沒事…

啊……

今天非常謝謝您的講解！

鞠躬！

如果還有問題，歡迎隨時過來。

好的，到時再麻煩您了！

第5章　補充

─❶ 可再生能源

1. 太陽能發電的特徵

　　陽光照射得到的地方都可設置太陽能發電。設置後，便能持續自動發電，因為機器可動的部分較少，相較於火力發電、水力發電，比較不需要維護。太陽能板可設置於頂樓、屋頂、建築側面等地方，可有效活用未利用的空間。但由於發電量受設置場所的日照、氣候所影響，電源的輸出較不穩定。

2. 風力發電的特徵

　　在可再生能源當中，風力發電的發電成本相對較低。近年，電力公司以外的獨立發電廠（IPP），也開始投入商業性風力發電。但是，風車可能被颱風吹倒而引發事故，在易受颱風影響的日本，風車、塔架的設計與建設必須能對抗強風。只要有風，夜間也能發電，但發電量受限於自然風，與太陽能發電相同，電源的輸出較不穩定。

3. 生質能發電的特徵

　　生質能是由動植物等生成的生物資源總稱。生質能發電，是燃燒生物資源的發電方式。以家畜排泄物、稻草、林地殘材等廢棄物作為燃料的生質能發電，能夠再利用或減少廢棄物，有助於建立循環型社會。然而，資源分布過於廣泛，在收集、搬運、管理上耗費成本，設備傾向小規模。

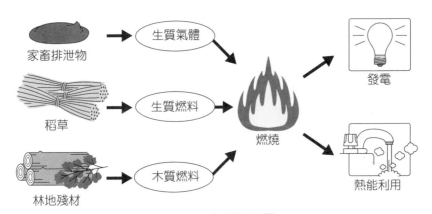

圖 5-1　生質能發電

4. 中小型水力發電的特徵

在日本，水力發電與火力發電並列，皆是自古利用的發電方式。與輸出依賴化石燃料的火力發電不同，水力發電是純國產可再生的綠色能源。然而，如欲新建大型水力發電所，需要建造巨大水壩等設施，免不了長年累月的工程，而且能夠建設的土地也有限。與此相對，利用河川、灌溉渠道等水流的「流入式中小水力發電所」，是直接利用自然的形式，不需要大型水壩等設施。活用未利用水資源，有助於河川環境的改善與維護。但是，正式導入之前，除了要調查是否對魚等動植物的生態環境帶來不好的影響，也要跟漁業關係者協調、交涉相關的水利權。

圖 5-2　中小型水力發電

5. 地熱發電的特徵

日本位處火山地帶，地熱從以前便備受關注。地熱不需要擔心如化石燃料的枯竭問題，能夠長時間穩定供給。另外，與太陽能發電、風力發電不同，地熱發電不受氣候所左右，能夠穩定供給電源。但是，可利用地熱的場所多與溫泉地重疊，通常要跟當地關係者協調、交涉相關的權利。

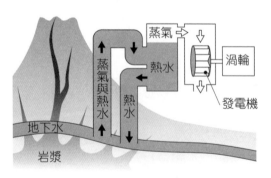

圖 5-3　地熱發電

❷ 電力設備的定期點檢

1. 電力工作物的定期點檢

根據日本的電業法，利用高壓、特別高壓的建築設施，設置者應自主性設立電力設備的維護體制，選任具備專業知識的電業主任技術員，在其監督下，自主性實施電力設備的定期點檢。雖說自主性，但並非完全沒有相關的準則或制約。業者設立的維護體制、定期點檢項目等「維護規程」，執行前需經由經濟產業省審核。

一般的電力設備點檢，除了日常的巡視點檢之外，還有每月點檢、每年點檢等定期點檢。

每月點檢主要是針對機器、配線等的目視檢測，量測（確認）電流、電壓，檢查機器有無損傷、污損、異音、過熱等問題，安裝狀態、間隔距離是否恰當。

每年點檢是在整個建築設施停電狀態下進行，實施機器、電路的絕緣電阻測試、接地電阻測試、保護繼電器運作試驗等。

表 5-1 家用電力工作物的定期點檢項目範例

項目／對象		No.	日常巡視點檢 週期	點檢項目	No.	定期巡視點檢 週期	點檢項目	No.	精密點檢 週期	點檢項目	No.	測試 週期	點檢項目
受電設備	斷路器	1	1星期	刃座與刃片的接觸過熱、變色、鬆弛	1	1年	刃座與刃片的接觸過熱、鬆弛、耗損狀態				1	1年	絕緣電阻測試
		2	1星期	附著污損、異物	2	1年	支撐裝置的機能						
	遮斷器	1	1星期	外觀點檢、污損、漏油、龜裂、過熱、鏽蝕	1	1年	各部的損傷、腐蝕、過熱、油量、鏽蝕、變形、鬆弛	1	3年	遮斷速度測試（包含測定開極至投入時間最小運作電壓及電流）	1	1年	絕緣電阻測試
		2	1星期	指示、點檢	2	1年	操作狀態、結構				2	1年	接觸電阻測試
		3	1星期	其他必要事項	3	1年	配件狀態				3	2年	絕緣油耐壓試驗
					4	1年	油污、必要性的特性調查				4	不定期	必要性的運作特性

項目 對象		日常巡視點檢			定期巡視點檢			精密點檢			測試		
		No.	週期	點檢項目	No.	週期	點檢項目	No.	週期	點檢項目	No.	週期	點檢項目
受電設備	母線	1	1星期	外觀點檢	1	1年	母線高度、鬆弛、與他物的間隔距離、腐蝕、損傷、過熱				1	1年	絕緣電阻測試
					2	1年	連接部分、夾具的腐蝕、損傷、過熱、鬆弛						
					3	1年	礙子、支撐物的腐蝕、損傷、過熱、鬆弛						
	受電用變壓器	1	1星期	本體的外部點檢、漏油、污損、振動、音響、溫度	1	1年	各部的損傷、腐蝕、鏽蝕、鬆弛、污損、油量	1	5年 10年	內部點檢（繞組、連接部鉛線、鐵心等其他各部）	1	1年	絕緣電阻測試
					2	1年	接地線連接部				2	1年	接地電阻測試
											3	1年	絕緣油耐壓試驗
	儀表用變比器	1	1星期	外部的損傷、腐蝕、鏽蝕、變形、污損、溫度、音響、熔斷器的異常、其他必要項目	1	1年	各部的損傷、腐蝕、接觸、鏽蝕、鬆弛、變形、龜裂、污損、熔斷器的異常、接地線連接部				1	1年	絕緣電阻測試
											2	1年	接地電阻測試
	避雷器	1	1星期	外部的損傷、龜裂、鬆弛、污染	1	1年	外部的損傷、龜裂、鬆弛、污染、化合物的異常、接地線連接部				1	1年	絕緣電阻測試
											2	1年	接地電阻測試

對象	項目	日常巡視點檢 No.	週期	點檢項目	定期巡視點檢 No.	週期	點檢項目	精密點檢 No.	週期	點檢項目	測試 No.	週期	點檢項目
配電設備	配電盤	1	1星期	儀表的異常、指示燈異常	1	1年	內部配線塵埃、污損、損傷、過熱、鬆弛、斷線			各部損傷、過熱、鬆弛、斷線、接觸、脫落	1	1年	絕緣電阻測試
		2	1星期	操作、切換開關等的異常、其他必要項目	2	1年	接地線連接部			端子配線符號	2	1年	接地電阻測試
											3	1年	保護繼電器的運作特性
											4	2年	儀表校正、電纜試驗
	電力用電容器	1	1星期	本體外部點檢、漏油、污損、音響、振動	1	1年	各部的損傷、腐蝕				1		絕緣電阻測試
	蓄電池	1	1星期	液面、沈澱物色相、極板彎曲、隔離板、端子的鬆弛、損傷	1	1年	木台、礙子的腐蝕、損傷、耐酸塗料的剝離			充電裝置的內部	1	1個月	比重測試
		2	1日	表示電池的電壓比重、溫度測試	2	1年	地板的腐蝕損傷				2	1年	液溫測試
					3	1年	充電裝置的運作狀況				3	1個月	各電池電壓測試
	電線、支撐物	1	1星期	電線的高度、與其他工作物、樹木的距離	1	1年	電線桿、橫木、礙子、支線、支柱保護網、等的損傷腐蝕				1	1年	絕緣電阻測試
		2	1星期	標誌、圍欄的狀況	2	1年	電線安裝狀況						

對象	項目	日常巡視點檢 No.	週期	點檢項目	定期巡視點檢 No.	週期	點檢項目	精密點檢 No.	週期	點檢項目	測試 No.	週期	點檢項目
配電設備	電纜	1	1星期	接頭、連接箱分歧箱等連接部的過熱、損傷、腐蝕及化合物油污	1	1年	電纜腐蝕、龜裂損傷				1	1年	絕緣電阻測試
		2	1星期	敷設部的維護欄									
		3	1星期	標誌、與他物的距離									
負載設備	電動機、其他旋轉裝置	1	1日	注意音響、旋轉、過熱、異臭、給油狀況等	1	3個月	音響、振動、溫度	1	3年	考量溫度上升等的內部分解點檢，繞組、軸承、通風、配件等的維護	1	1年	絕緣電阻測試
		2	1星期	整流子、刷子	2	1年	各部的污損、鬆弛、損傷、傳達裝置的異常				2	1年	接地電阻測試
	照明設備	1	1日	異音、污損、不亮	1	1年	照明效果、污損損傷、音響、溫度、化合物油漏				1	1年	絕緣電阻測試
	配線	1	1星期	開關的點檢、濕度、塵埃等	1	1年	開關、器具的連接				1	1年	絕緣電阻測試

2. 消防用設備等的法定點檢

針對火警自動警報設備等消防用設備，日本消防法有規範相關的定期點檢。業者有義務半年實施 1 次外觀點檢、運作點檢、機能點檢等；一年實施 1 次綜合性點檢，飯店、旅館、百貨公司、醫院等需每年 1 次，工廠、事務所等則需每三年 1 次向消防署匯報。

另外，飯店、百貨公司、醫院等不特定多數人利用的建築（特殊建築物），結構的老化、避難設備毀損、建築設備運作不良等，都可能釀成嚴重事故。為

了防止不測事故發生，日本建築基準法規定建築需由專門技術員定期檢查，針對電力設備等建築設備，業者有義務每年檢查並匯報。負責人應親自陪同工作人員進行點檢作業，掌握點檢內容及設備狀況。

❸ 電力設備的相關資格

從事電力設備、電力工程相關的工作時，許多場合需要公家資格。補充的內容中，介紹了電機技師、電業主任技術員、設備設計一級建築師等資格，這邊再介紹其他相關資格。

1.「1級電力工程施工管理技師、2級電力工程施工管理技師」

根據日本建設業法，承接電力工程的建設業許可，持有建設業許可的電機業者執行相關工程時，其所需的資格。具備電力工程施工管理技師資格的人，可從事持有電力工程建設業許可的建設業者相關的「營業所的專任技術員」，或者電力工程施工時相關的「專司施工技術上的管理人（主任技術員、監理技術員）」。

2.「技師（電力電子部門）」

技師是依據技師法的國家資格，該技術領域資格的最高峰。根據科學技術的領域，技師資格分為 21 個部門。具備技師資格的人，可冠上技師的名稱，指導科學技術方面高等專門應用能力的計畫、研究、設計、分析、試驗、評價等相關業務。

電力設備，是技師的電力電子部門其中一項領域（技師的電力電子部門分為，發輸配變電、電力應用、電子應用、資訊通信、電力設備等五大專門領域）。

❹ 電力設備是建築、設施的核心關鍵

在新設建築時，關係人通常關心外觀的設計、室內布局，僅有負責人、專業人員注意電力設備。當建築竣工，進入營運階段後，建築的管理人、居民會詢問「這盞照明的開關在哪」、「空調怎麼控制」等等，僅在意電力設備、空調設備使用上的方便性。當地震發生或看到新聞報導火災事故後，才開始關心「地震發生時，大樓的電梯能夠使用嗎」、「火災發生時，警報器真的會響嗎」、「應該要怎麼逃生」等問題。

有趣的是，一旦開始使用建築後，原先關心的外觀設計、室內布局，反而變得不重要了。

一旦開始使用建築後，鮮少有人抱怨「使用起來不方便，幫我改變室內布局」、「這樣的外觀不好看，幫我改一下設計」，反倒經常提出「幫我更換開關的位置」、「幫我增加插座的數量」等要求。

建築、設施進入使用階段後，會因故障造成居民、使用者反映問題的，幾乎都是空調設備、排水設備、電力設備等相關設施。

　　空調的問題是「太熱」或「太冷」，一發生故障，便會聽到「太熱」或者「太冷」的抱怨。給排水的問題是「漏水」或者「沒有水」，一發生故障，便會發生漏水、斷水的現象。而電力設備方面，除了像「停電」這樣容易理解的問題，還有很多是「有點昏暗」、「有點難用」、「強度不夠」等「差強人意但又不到抱怨程度」的情形。對使用者或者管理者來說，難以區分好壞。

　　另外，也有某天突然發生原因不明的停電，引起混亂的例子。如果疏於定期點檢、維護，後續還可能釀成嚴重問題。

　　因此，在建設建築、設施時，除了確實依照計畫來設計之外，重要的是開始使用後，仍得落實定期點檢、維護。假設設計不夠嚴謹，「亮度不適切」、「難用」、「無法相容」等等，電力設備勢必會出現許多問題。不嚴謹的設計與維持管理，反而會無端浪費能源、金錢。若疏於點檢、維護，突然發生停電、火災時，可能遭受莫大的損害。相反地，若背後有著妥善的計畫與設計，並適切地維護管理，勢必能大幅節省能源、降低成本。

　　雖然電力設備未必會出現大問題，平時較少受到關注，實際上卻是在背後支撐日常生活與工作基盤的無名英雄，也是建築、設施的核心關鍵。

照理說來，妳是看不到我的喔。

妳也懂吧？

但是……

妳都這麼大了，還抱著不切實際的夢想，所以我們的波長才會合拍。

妳開始看不到我的身影，表示妳成長了，變得能面對現實。妳應該高興喔。

但是……

這樣就再也見不到月紗了……

緊握！

那我們現在要來計畫蓋城堡嗎？裝飾一堆大吊燈。

我已經不那樣想了啦！

飯店的整修加油喔！

好……！

我還是會來看妳的。我也想多泡溫泉。

我還想再多跟月紗聊天、玩耍…

妳還把我當作換裝娃娃呢…

那麼，我就像個天使來為妳預言吧…

一點都不神聖呢。

安靜聽好了。

妳最近會交到新朋友喔。

咦…？

當然，不會是天使。

還有，我開始喜歡上妳取的這個名字了。

月紗……

如果之後還有機會自我介紹，我會用這個名字的。

聽到別人叫自己的名字，我真的很高興喔，結衣。

妳看著，我一定會讓天之川飯店煥然一新的！

就像我爸爸一樣。

嗯。

我很高興妳們過來住！

在來這裡之前啊，我根本覺得是爸爸在癡人說夢，

啪嚓、 啪嚓

他說都經歷不可思議的體驗了，當然要來一趟！

小螢，我們去泡溫泉！

出現！

好的。

結衣！去迎接客人吧。

兩位，我先去忙囉。

那麼，待會見喔！

嗯。

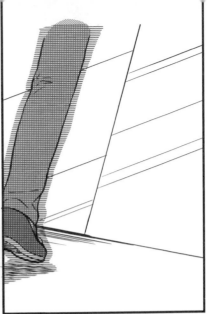

啊！真的來了呢⋯⋯！

索引

Note

國家圖書館出版品預行編目資料

世界第一簡單電力設備 / 五十嵐博一著；衛宮紘
譯. -- 初版. -- 新北市：世茂, 2017.10
面； 公分. -- (科學視界v209)
ISBN 978-986-94805-9-8(平裝)

1.電力系統 2.設備管理

448   106012048

科學視界 209

世界第一簡單電力設備

作　　者 / 五十嵐博一
譯　　者 / 衛宮紘
審　　訂 / 陳耀銘
主　　編 / 陳文君
責任編輯 / 曾沛琳
出 版 者 / 世茂出版有限公司
地　　址 / (231)新北市新店區民生路19號5樓
電　　話 / (02)2218-3277
傳　　真 / (02)2218-3239（訂書專線）
　　　　　 (02)2218-7539
劃撥帳號 / 19911841
戶　　名 / 世茂出版有限公司
世茂網站 / www.coolbooks.com.tw
排版製版 / 辰皓國際出版製作有限公司
印　　刷 / 祥新印刷股份有限公司
初版一刷 / 2017年10月

Ｉ Ｓ Ｂ Ｎ / 978-986-94805-9-8
定　　價 / 300元